ROWOHLT
BERLIN

Wir und unser Trabant

Andreas Kämper   Reinhard Ulbrich

Rowohlt · Berlin

Im echten Mann
ist ein Kind versteckt,
das will spielen.

Nietzsche

1. Auflage August 1995

Schutzumschlaggestaltung Walter Hellmann
(Foto Andreas Kämper: Der mit sechs Metern längste Trabi aus der
Autowerkstatt von Harald Erpel, Berlin-Friedrichshain 1994)
Redaktion Till Bartels
Layout Joachim Düster
Satz aus der Syntax, QuarkXPress 3.31 (Dolev 800), Clausen & Bosse, Leck
Lithographie Graphische Werkstatt
Christian Kreher, Hoisdorf
Druck und Bindung Passavia Druckerei GmbH, Passau
Printed in Germany
ISBN 3 87134 249 1

Du und Dein Trabant
DDR

Im Zweitakt

Eine Anleitung für treue Begleiter

Verehrter Käufer,
wir beglückwünschen Sie zum Erwerb Ihres neuen Buches. Es handelt, wie Sie längst festgestellt haben werden, von «unserem Trabant», jenem Fahrzeug mit dem verpflichtenden Namen, der Programm war. Trabant heißt – wörtlich übersetzt – «Begleiter», und ein treuer Begleiter seines Besitzers wollte er immer sein. Die Zeitläufte aber waren gegen ihn. 1990 noch das «Auto des Jahres», fiel er bald darauf bei der Mehrheit seiner Benutzer in Ungnade. Schnöde ließen sie ihn am Wegesrand stehen, um sich einem seiner chromglänzenden West-Konkurrenten zuzuwenden.

Aber nicht alle liefen wie die Lemminge dem Zeitgeist hinterher. Es gab auch solche, die in unverbrüchlicher Treue zu ihm standen, gemäß der Maxime: zwei Zylinder, zwei Takte, zwei Freunde fürs Leben. Inzwischen aber hat er auch viele Liebhaber im Westen hinzugewonnen, die den markanten Wagen mit der unverwechselbaren Duftnote zu schätzen wissen, weil er wie kein anderes Fahrzeug noch den ganzen Menschen fordert.

Der Trabant lebt. Zeugnisse dessen werden Sie in diesem Buch in Hülle und Fülle finden. Dennoch empfehlen wir Ihnen, zuerst die in dieser einführenden Betriebsanleitung gegebenen Hinweise zu beachten. «In Ihrem eigenen Interesse!», um es mit den Worten der Original-Gebrauchsanweisung zu sagen, die die eingeschworenen Trabant-Alteigentümer noch kennen werden, wurde sie doch jedem – aus gutem Grund – beim Kauf des Wagens in die Hand gedrückt. Und selbst wenn Sie zu jenen gehören, die noch mit einem gerüttelt Maß an Vorurteilen gegenüber dem Sachsenporsche aus Zwickau beladen sind – wir garantieren Ihnen, daß Sie nach Lektüre dieses Buches das kleine Auto mit dem großen Namen mit anderen Augen sehen werden als vorher.

Erster Gang

Beginnen wir mit dem Grundlegenden: Die richtige Einstellung zum Trabant hängt weitgehend von der Persönlichkeit seines Benutzers ab. Nicht jeder ist ein Trabant-Fahrer. Auch wenn der Fahrzeughersteller in dieser Hinsicht keine besonderen Empfehlungen ausgesprochen oder Einschränkungen vorgenommen hat, so zeigt doch der harte Verkehrsalltag, daß eine gewisse charakterliche Veranlagung der Wagenlenker unabdingbare Voraussetzung ist.

Der Trabant-Fahrer muß in erster Linie über eine gehörige Portion Mut verfügen – ohne diese sollte er sich dem Risiko einer Fahrt gar nicht erst aussetzen. Dennoch wollen wir warnend darauf hinweisen: Nicht immer wird diese Risikobereitschaft von den anderen Verkehrsteilnehmern hinreichend gewürdigt. Daß der Trabant-Mensch gelegentlich mit einer etwas forschen Fahrweise auffällt, wird vielfach mißverstanden und als Ausdruck von Minderwertigkeitskomplexen gedeutet. Das ist falsch: Vielmehr zeigt sich hier ein gewisser Weitblick, über den er verfügen muß, denn mehr als andere sollte er den warnenden Hinweis aus der alten Gebrauchsanweisung beherzigen, daß er «durch widrige Umstände an der rechtzeitigen Rückkehr bzw. Erreichung seines Zieles gehindert werden» kann.

Dementsprechend sollte sich der Trabant-Fahrer auch durch ein gewisses Maß an Beharrlichkeit auszeichnen. Damit erreicht er fast immer sein Ziel, und zwar nicht nur, wenn es ums Auto geht. Jede überstandene Fahrt im Trabant ist eine Schule fürs Leben. Andere Fabrikate transportieren ihre Insassen nur, dieses hier befördert sie.

Für Außenstehende ist es wichtig zu wissen, daß der Trabant-Fahrer, obwohl mit kleinen Dimensionen vertraut, in großen Zusammenhängen zu denken und zu handeln versteht. Er muß dies auch können, denn bei Unfällen erwischt es ihn schließlich immer am heftigsten. Hinzu kommt, daß der Trabant-Fahrer gleichsam ein doppeltes perspektivisches Problem hat: Zu anderen, größeren Autos muß er immer aufblicken, und schnellere Wagen bekommt er stets nur von hinten zu sehen. Er kennt die automobile Welt also vor allem von unten, von ihrer Schattenseite, aus der Sicht des «Kleinen». Trabant-Fahrer aber sind charakterstark, und dank ihres eher robusten Naturells begegnen sie uns trotzdem als jene unbekümmerten, Gelassenheit ausstrahlenden Wagenlenker, auf die das deutsche Kraftfahrtwesen mit Recht stolz sein kann.

Zweiter Gang

Nachdem wir die menschliche Voraussetzung des Trabant-Fahrens betrachtet haben, wollen wir uns nun der Technik zuwenden. Allen Vorurteilen zum Trotz handelt es sich beim Trabant um ein modernes, leistungsfähiges Fahrzeug – zumindest an den Maßstäben der fünfziger Jahre gemessen. Daß die Zeit inzwischen vorangeschritten ist, kann man nicht dem Wagen zum Vorwurf machen; und nicht immer ist das, was sich der geradezu zwanghaften Modernisierung verweigert, das Schlechteste. Trabant-Fahrer neigen dazu, das Alter zu ehren, eine Tugend, die uns in anderen gesellschaftlichen Bereichen – leider – längst abhanden gekommen ist.

Natürlich sind die verfügbaren 26 PS nicht gerade viel, doch froh zu sein, bedarf es wenig, zumal der Trabant ja nicht in allen Vergleichen mit anderen Fahrzeugen als schlechtester abschneidet: bei der Abgasmenge beispielsweise wird die überragende Leistungsfähigkeit dieses Fahrzeugs eindrucksvoll unter Beweis gestellt. Ein Satz schwerer Querblattfedern sorgt zudem für soliden Fahrkomfort auf jedem Feldweg und macht den Trabi überall einsatzfähig. Nicht nur der Landwirt weiß dies zu schätzen. Die kompakte Stahlrohrbestuhlung und eine übersichtliche Anzahl von Türen zeigen, wie abhold der Trabant allem überflüssig Modischem ist und statt dessen konsequent auf den rundum praktischen Gebrauchswert setzt.

Dritter Gang

Der Trabant ist ein wahrhaft demokratisches Fahrzeug. Das Auto für jedermann. Seine Bedienung ist leicht verständlich, sie überfordert nicht. Ein kurzer Blick auf die wenigen Dreh-, Wipp- und Schubschalter genügt, schon kann es losgehen. Souverän wird der Starterzugknopf gezogen, ein Hilfsmittel, das anderen Modellen längst abhanden gekommen ist. Problemlos läßt sich das Fahrpedal über den Druckpunkt hinweg betätigen, und niemand sollte sich durch die dabei auftretenden Klirr-Geräusche beim Hineinschieben des Starterzugs irritieren lassen – sie verschwinden alsbald wieder. Mit seinem besonders «spielenden Gleiten» versetzt der Schalthebel den Wagenlenker sodann in die glückliche Lage, täglich seine Muskeln trainieren zu können. Trabant-Fahrer brauchen kein Fitness-Centrum. Für all das sorgt das kleine Auto selbst – auch für jenen Zustand harmonischer Entspannung, wenn beim Herunterschalten kein Zwischengas mehr gegeben werden muß.

Vierter Gang

In dieser Schaltstufe gelangt der Wagen zu seiner maximalen Geschwindigkeit. Im Vergleich zu anderen Autos mag sie nicht besonders beeindruckend erscheinen, aber es hat sich gezeigt, daß sie genügt, um bei historisch einschneidenden Ereignissen rechtzeitig zur Stelle zu sein. Ob man sich einst im Prager Botschaftsgarten sammelte oder über Ungarn nach Österreich rollte – der Trabant war immer dabei. Und als im November 1989 die Mauer fiel, folgten Millionen Menschen dem Rat der alten Trabant-Gebrauchsanleitung: «Verschaffen Sie sich selbst das Gefühl der Sicherheit gleich beim Herausfahren.»

Spätestens von diesem Augenblick an war der Trabant ganz auf der Überholspur und eine gesamtdeutsche Erscheinung. Wer im Westen noch nie eine «Pappe» aus der Nähe gesehen hatte, konnte sich endlich durch persönliches Trabi-Klopfen von der Einmaligkeit sozialistischer Plaste und Elaste überzeugen. Ganz nebenbei zeigte sich damals auch die überragende Qualität der Karosserie, die den Insassen selbst dann noch optimalen Nässeschutz garantierte, als es draußen in Strömen Sekt regnete. Nach 32 Produktionsjahren mit einem Ausstoß von über drei Millionen Fahrzeugen hätte der Erfolg kaum überzeugender ausfallen können.

Doch in unseren schnellebigen Zeiten ist nichts von Dauer. Auch der Trabant und seine Gemeinde mußten dies leidvoll erfahren.

Rückwärtsgang

Dieser Gang darf nur bei stehendem Fahrzeug eingelegt werden. Aber der Wagen kam schneller zum Stehen, als ihm lieb war. Und selbst die Sperre gegen unbeabsichtigtes Einlegen konnte nicht verhindern, daß es mit dem Trabi rückwärts ging. Jahrzehntelang Hätschelkind und Liebling der ganzen Familie, verlor der Trabant mit der Währungsunion plötzlich an Wert, ja schlimmer, auch an Ansehen. Kaum jemand wollte noch «die spürbar erhöhte Betätigungskraft zum Erreichen des oberen Drosselklappenöffnungswinkels» aufbringen, wie das Vollgasgeben in der alten Gebrauchsanleitung so lyrisch umschrieben war. Statt dessen zogen immer mehr Fahrer den Schlüssel für immer aus dem Zündanlaßlenkschloß und drehten die Kraftstoffhahnfernbedienung ein für allemal zu. Überdies blieb manch ausgeschlachtetes Wrack einfach am Wegesrand stehen. 1991 wurden im Zwickauer Werk endgültig die Bänder angehalten.

Anschleppen

Wenn es gar nicht mehr weitergeht, hilft ein Seil, das durch die Öse vorn rechts am Rahmen gezogen wird. Außerdem benötigt man ein Schleppfahrzeug von mindestens gleicher Größenordnung. Ein solches kam – bildlich gesprochen – noch zur rechten Zeit, denn ausgerechnet im Westen wurde dem Trabant ganz vorschriftsgemäß wieder «Schwung und Geschwindigkeit erteilt, um dann durch Ausnutzung des Freilaufs zu rollen» («Ratgeber Trabant»). Gerade in die alten Bundesländer scheint das alte Ost-Auto zu passen wie der Sonderfarbton Delphingrau zum Sonderfall der deutschen Einheit. Just als keiner ihn mehr wollte, wurde der Trabi als Kultobjekt entdeckt. Nirgendwo gilt es als schicker, sich in einem möglichst ausgefallenen Trabant sehen zu lassen. So ist der Getreue aus Zwickau heute gleichermaßen für den Osten ein Stück gelebtes Leben wie für den Westen ein neues, ganz unerwartetes Stück Lebenslust. Auch wenn die Fahne der Freiheit bei ihm vor allem als Rauchfahne weht.

Gewiß dürfen wir auch Sie, verehrte Leser, zu jenen Menschen zählen, die mit dem Trabant «viel Freude und allzeit gute Fahrt» verbinden. Ganz gleich also, ob Sie ihn persönlich an allen Hindernissen vorbeisteuern, die ihm noch begegnen werden, oder ob Sie ihn nur mit wohlwollenden Blicken begleiten – seien Sie gut zu ihm.

Ihr Auto – äh – Ihre Autoren

Abgefahren: Ein Prolog

Schultheiss
Royal 96

158
171

OPEL ASTRA

Danke!

P 50m

2450
Für Müll Recycling

Douglas
Frisch wie
Finden Sie mehr, als

LKW VERWERTUNG

Plaste und Elaste: Der Werbeträger

elf

gewinnen
s Spiel!
BER LINER KURIER
BER LINER KURIER
BER LINER KURIER
30.000
Jetzt
Ab 28.10. Gewinn-

zu gewinnen
Spiel !
holen.
BER LINER KURIER
BER LINER KURIER
BER LINER KURIER
Ge rum glich?
nen:
Geld,
ld. G ld!
Goldrausch
Ab 28.10.
holen.
BER LINER KURIER
BER LINER KURIER

Waschanlage

MCM

MCM
M CM 80

radio
SAW
packt's an!
Wir gestalten
und beschriften auch
Malerfachbetrieb
Ihr Fahrzeug
PALETTE
eG

Vorwärts
und nicht vergessen...
Trabant.
Legende nach der Wende
vom 3.10. bis 30.10.93

..der Durchbruch zum Aufbruch
Firma B. Stauer
‹Bausanierung›
Bausanierung
Firma B. Stauer
Seebacher Str. 45b
Wutha-Farnroda

Zu verkaufen
Olympia 2000
in Berlin.

30
PERSIL.
FÜR GENERATIONEN
DIE NR.1 IN REINHEIT
UND PFLEGE.
Persil

30
HALT!
Keine Gewalt

30
Stille Nacht, ıeilige Nacht,
alles schläft einer wacht.
799,-
Der VS 900 ˈS mit Timer.
Von trundig.

VORWÄRTS
UND NICHTS VERGESSEN!
neues theater

Ihr Teppichfreund

Einer für alles: Der Gebrauchsgegenstand

Frühkartoffeln
5 kg = 4,00 DM

HINTERKOTFLÜGEL
TV 03 – 627
VEB SACHSENRING
AUTOMOBILWERKE
ZWICKAU
LEIHBEHÄLTER

FANTA

W-T
EBING

Kaffee 1,-
Alfred Pfeiffer
81 34 23

Trabi-Imbiß
Steaks · Bratwürste u. Würstchen
Alfred Pfeffer

FEUERWEHR

CALL ME !

Hauptbremszylinder
Zweikreis Trabi
neu 25,-
hinten 10,-
Zwischenrohr
15,-

STRÖER
Zum Glück: „Unser Bestes" ist da.
Persil
Persil
Einba

DIE GRENZE VERLÄUFT
NICHT ZWISCHEN den VÖLKERN
SONDERN ZWISCHEN OBEN
UND UNTEN
STRÖER
MACHT ERFOLG!
STRÖER
BENSON & HEDGES
DISCOVER YOUR GOLD

Jetzt machen wir ihn schneller: Die Rennen

AXEL HENNES A+
PIRELLI

castrol

12

14
Schlosse
KUNST-und
NATURSTEINE

Für erdgas.
Die Heizung
von Vaillant.

MOTORSPORT

TO SUCCESS

ESSO
61
ESSO
87
HJS
INES

6

Special Car Shop
839
LAZ VEGAZ RACING

BELL
sparco

ESSO
88
ESSO
87

1
2
3
KfZ Reparaturwerkstatt
KfZ Opravna vozidel
SANDTLER
A. Jacob B/D
E
10
E
IFA

Magnet mobil: Der Kommerz

Achtung
Baby

Go
Trabi
Go

FOLLOW ME
AERO CLUB
D-EWRG

studio
köln
Schreinemakers
live

VM 40-27
GANZ
IM GEGENTEIL
SCHADE
EIGENTLICH

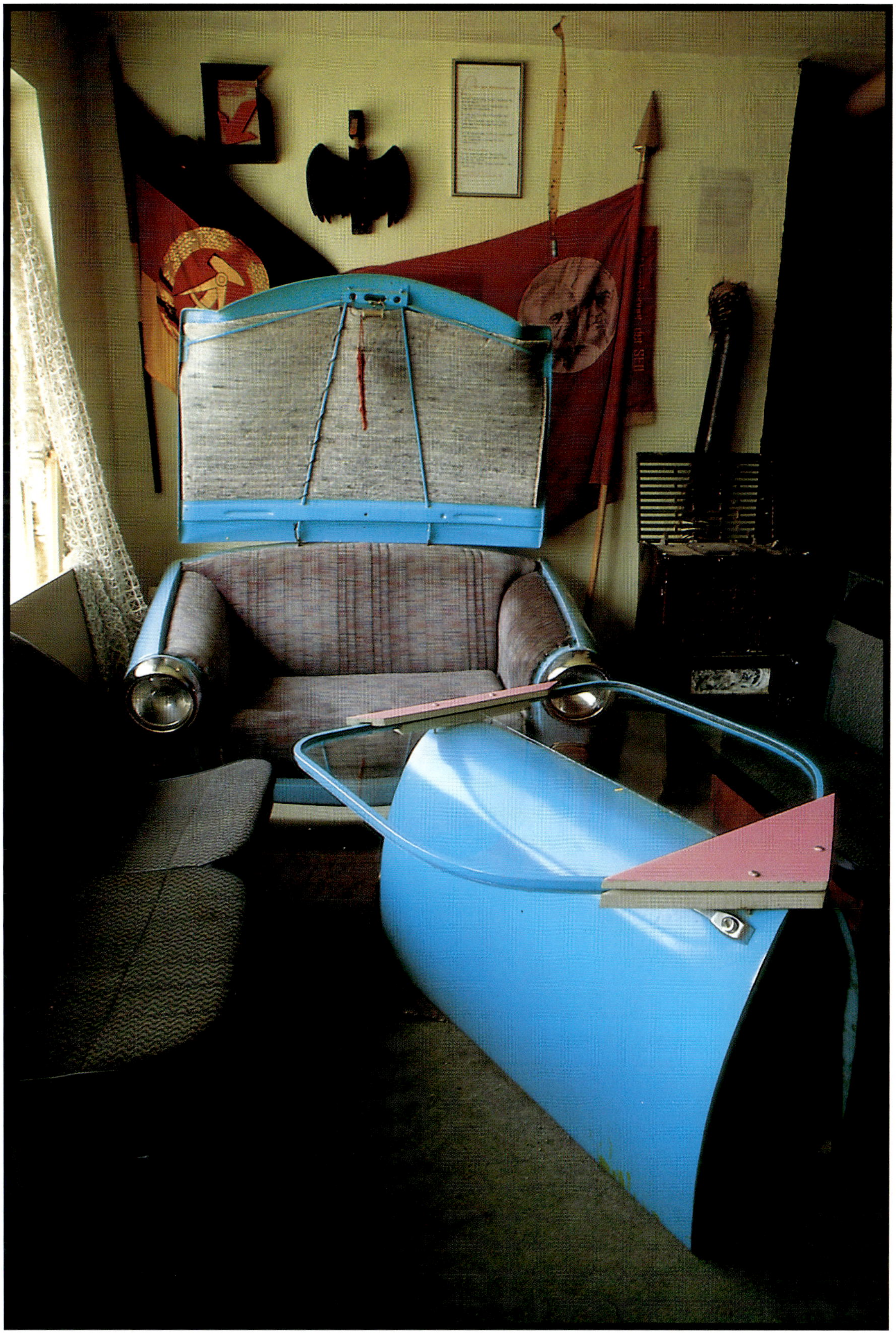

RADFAHRER
FRANZ
DDR

Von der Straße zu den Musen: Die Papp-Art

Rowenta
Kundendienst in Berlin
ELEKTRO-FRANCK
Friedrichstraße 114
und
Ansbacher Straße 8-14
Durchdachte
Lösungen
für Ihren
Haushalt
Rowenta

Wir steh'n auf Berlin!

EXPO 94

Baby
D
EIN HERZ FÜR KINDER
COME TOGETHER

Legende auf Rädern: Die Treffen

Beach

Gute Fahrt mit...
Trabant

MD W 963

H UT 316

Design
by ERPEL
Autodienst Erpel

Trabi Stammtisch
Oberes Elbtal
DD CA 681
MEI NY 7
MEI HZ 88

ZETACOLOR
Aber 100 Pro mein Bester!
DIE TRABANT-WÖLFE
SONY SONY
RECARO
NB-CD 887
TRABCEDES 601 SEC
SONAX
MICHELIN
ProMarkt
DIE TRABANT-WÖLFE
ProMarkt
PEACOCK COMPUTER
ProMarkt 9
Shell
MICHELIN
Shell
NB-E 480

Wie helfe ich mir selbst-TRABANT
Nur gemeinsam
sind wir stark!

610
434
631

KENWOOD
PIONEER
Panasonic
633
636
630
637

224

BLANK

D
Elli
Viel Glück
Dein Vater
B KR 7725

MER CY 11
Autohaus MERSEBURG SÜD

TRABANT - CLUB
Wittgensdorf
C-D 7592
C-E 2850

TESTWAGEN
1

32
DDR 49-89
B-HH 1968

STATOIL
B HR 4145

KUBOTA
KENWOOD
PIONEER
B KS 3119
B NN 9676
FISCHER

D
WI-TU 601

UW 178
H-UT 316

GE CX 666

Freiheit und Feinarbeit: Das Detail

HUK
trabant

Trabant
601

1787
LTR

53
Shell

Shell
MIRKO

neue
Ideal Standard
presents:
MEISTER
RÖHRICH

Gute Fahrt mit...
Trabant
DDR

HI-LIFE

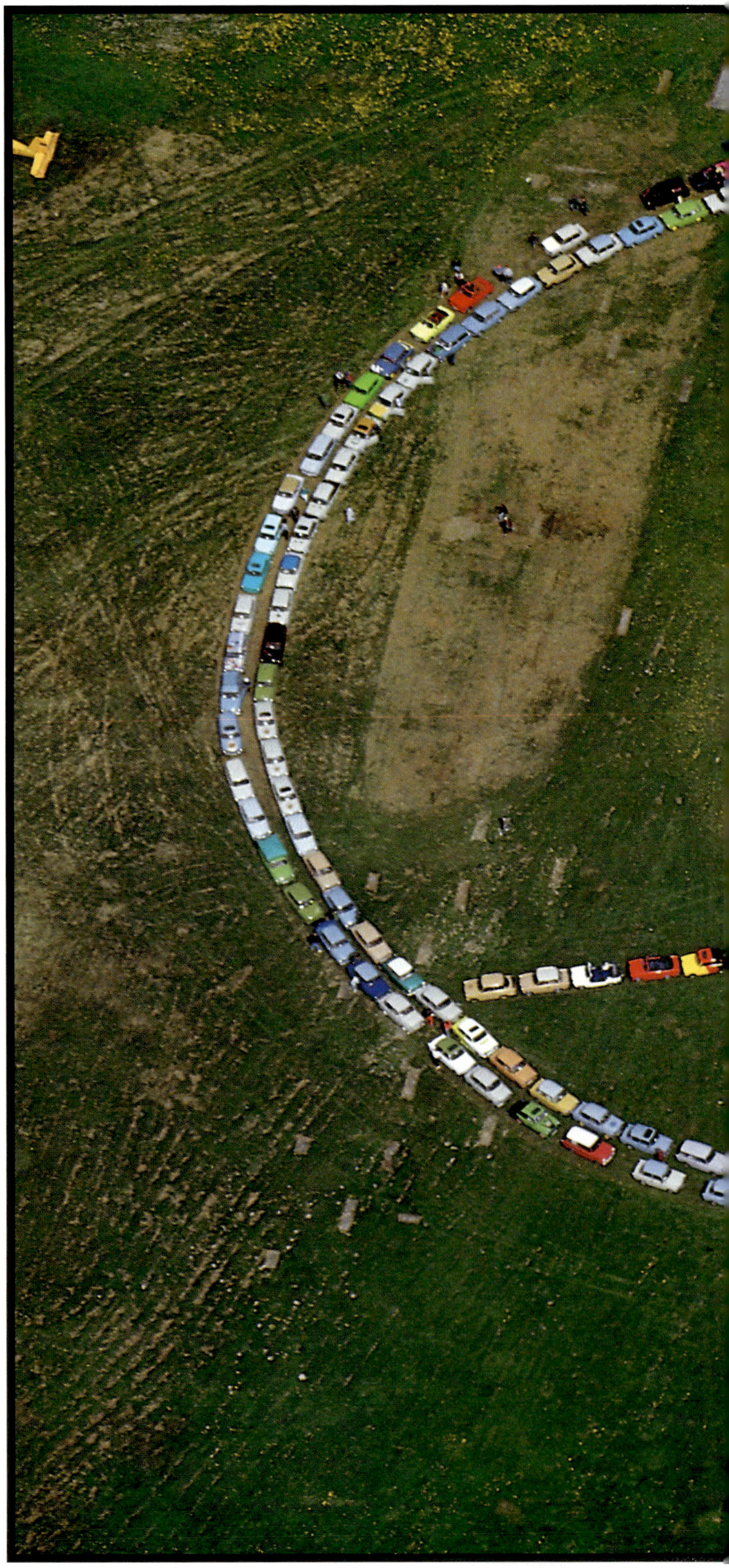

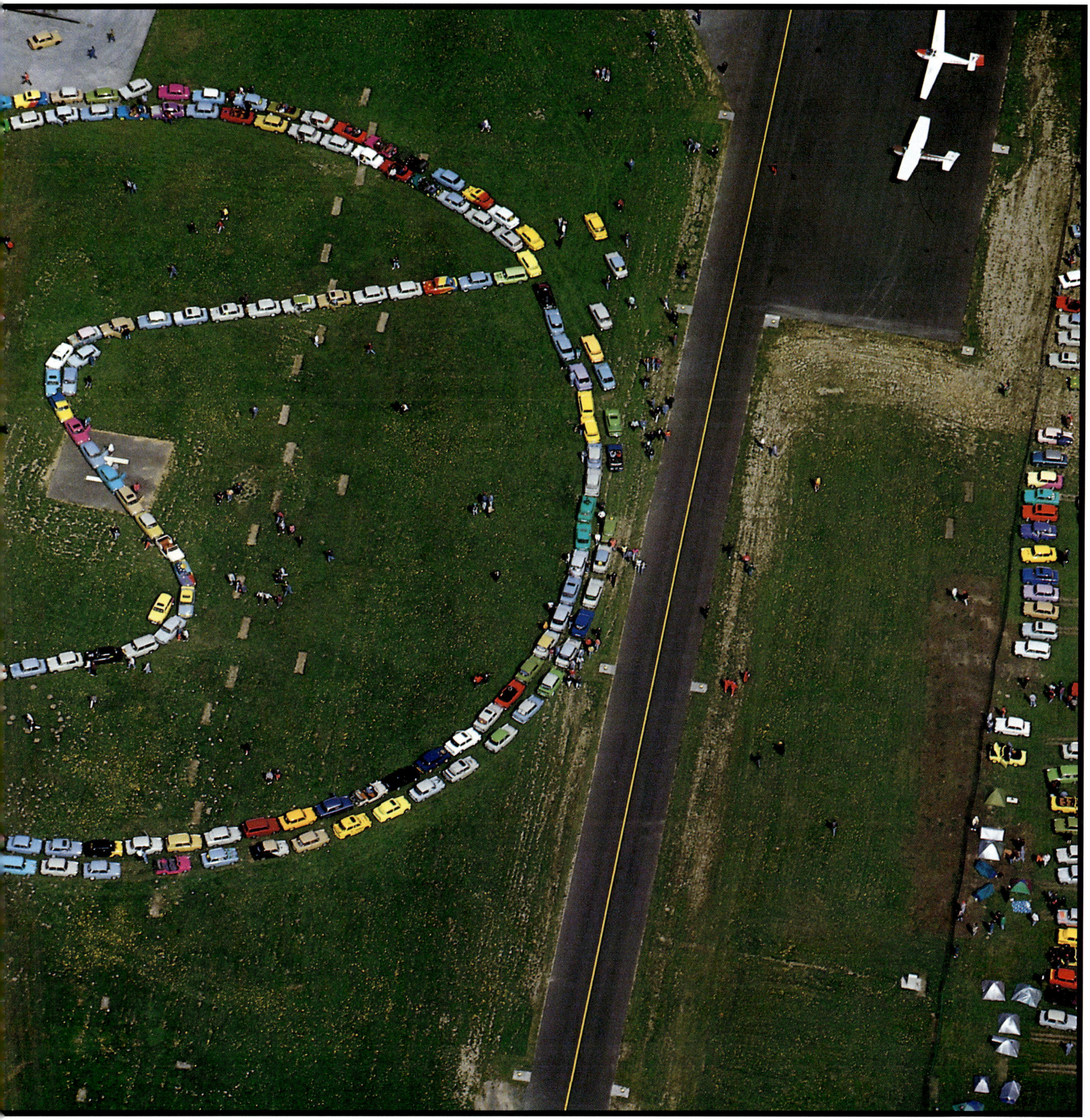

Wir unter uns: Die Liebhaber

Trabant
Club
Mühlhausen e.V.

407

POLIZEI
junge dynamische

SIM TR 16

Mercedes-Benz
Hilbrich & Dargel

CALL ME !
... PABBE !

Gute Fahrt mit
LER CP 62
Sporty

H.-G. STEINME
AUTOHAUS
RAINER SEYFARTH
APEL LA
sparco
WERBETEAM · SANDRA · SANDRA
109
H.-G. Steinme
REIF

HIMLEN OVER BERLIN
TRABBI GOES TO HOLLYWOOD
Coca-Cola
B-PE 1517

Bier

1318
1319
1321
M HS 8628

25
Trabant

AXEL HENNES A+
PIRELLI
DENICOL

033678·2619
LuK

DB
HAUPTBAHNHOF
CENTER
DER UMWELT ZULIEBE
Quelle
GE CX 666

Freistaat
Bayern

D
Guten Morgen Deutschland
BRD
DDR
Stasi-Laus
geh' nach Haus
9.11.
89
FREIHEIT

Unser Trabant von A bis Z

Das Lexikon zur Legende

Abholung Der größte Tag überhaupt – aus dem Besteller wurde endlich ein Besitzer! Diese wunderbare Verwandlung schien im Laufe der Zeit allerdings immer schwieriger zu werden, denn für ihre Vorbereitung brauchte es unendlich viele Jahre (→ Wartezeit). Um so größer war die Freude, wenn die Übergabe erfolgte. Die ganze Familie zog festlich herausgeputzt zum Auslieferungslager, begleitet von den guten Wünschen und neidvollen Blicken aller Nachbarn. Knisternde Spannung empfing die Glücklichen am dort eigens eingerichteten Bankschalter, der einzigen Stelle im ganzen Land, wo Autokäufe nicht in bar abgewickelt werden mußten. Doch zum Staunen blieb nicht viel Zeit. Schon drängten nebenan die Herren der Staatlichen Versicherung haftpflichtgemäß auf den Abschluß ihrer Verträge, und man hätte wohl sonstwas unterschrieben, nur um endlich an das so greifbar nahe Ziel zu gelangen. Doch zwischen uns und dem heißbegehrten Trabi hatte das Schicksal noch den Verkäufer im graublauen Dederon-Kittel postiert, dessen (→) Probefahrt es zu ertragen galt. Dann aber rollte man selbst, und eines der letzten großen Abenteuer unserer Zeit nahm seinen Anfang.

Ablage Auch wenn man als Trabant-Besitzer gewohnt war, sich in Bescheidenheit zu üben, kam es doch hin und wieder vor, daß man unverschämterweise einen Gegenstand mit in den Fahrgastraum nehmen und irgendwo ablegen wollte. Dies wurde freilich bei allem, was größer als eine Zigarettenschachtel war, höchst problematisch. Während Hinterbänkler immerhin noch durch akrobatische Verrenkungen die Hutablage erreichen konnten, gab es vorn zunächst nur zwei Seitentaschen in den Türen. Deren Aufnahmekapazität war jedoch begrenzt. Dafür sorgte schon ein im Innern schräg eingefädelter Schlüpfergummi, der mit straffem Zug verhindern sollte, daß Dinge aus der Tasche herausfielen, die ohnehin gar nicht erst hineinpaßten. Später stand dann unter dem Armaturenbrett eine gesonderte Ablage zur Verfügung. Sie lief über die gesamte Breite des Wagens und demokratisierte das Risiko: Bei Unfällen waren Wagenlenker und Beifahrer gleichermaßen – in Höhe der Kniescheiben – gefährdet.

Anmeldung Schon die DDR-Nationalhymne setzte auf das Hoffnungsfrohe und war «der Zukunft zugewandt». Gemeint war wohl der Kommunismus, betroffen war aber vor allem jeder, der ein Auto bestellte. Mit strategischem Weitblick galt es über Generationen hinweg, den Bezug eines Trabant zu organisieren. Der Vorgang selbst war eher banal: Man ging ins Autohaus und bekam dort eine postkartengroße Bestätigung mit Registriernummer und Tagesdatum. Die planerische Herausforderung erwuchs erst aus dem Umstand, daß jede Person nur zu einer einzigen Anmeldung berechtigt war. Wollte man alle fünf Jahre zu einem neuen Fahrzeug kommen, so war der schonungslose Einsatz der ganzen Familie erforderlich. Vom Urgroßvater, der den gelobten Tag wohl kaum noch erleben würde, bis zum jüngsten Familienmitglied, das weder Geld besaß noch fahren konnte, wurde jedes verwandte Wesen angemeldet. Natürlich nicht alle auf einmal, sondern möglichst in regelmäßigen mehrjährigen Abständen, um den gleichmäßigen Lieferfluß zu gewährleisten: Je größer die Zahl der Beteiligten, desto häufiger gab es einen neuen Wagen. Der Fehler dieser Rechnung war nur, daß große Familien nie und nimmer in den kleinen Trabant paßten.

Annoncen In der wunderbaren Märchenwelt der Autoanzeigen hielt der Trabant die Flamme der Wahrhaftigkeit hoch. Das beliebte Attribut «gepflegt» klingt bei ihm schon deshalb überzeugend, weil er – wie allerorten sichtbar – selbst Jahre nach Einstellung der Produktion noch immer rollt. Und dank seiner Herkunft aus der Welt des unbefriedigten Bedarfs fehlten ihm auch jene verdeckten Geburtsmakel, die heutzutage so verbreitet sind, wie beispielsweise die stiefmütterliche Tageszulassung oder eine unfrohe Kindheit als Vorführwagen. Er wurde nie als Grau-Import zwischen mehreren Ländern herumgeschubst, und ein Checkheft, das bei manchem geplagten Besitzer nicht zu Unrecht Scheckheft heißt, kannte er ohnehin nicht. Aber einen dunklen Punkt in seiner Vergangenheit hat er doch. Als man ihn früher noch seitenweise per Annonce handelte, stand dort selten ein konkreter Preis, denn letzten Endes kam immer ein Vielfaches vom Schätzwert heraus. Allerdings beherrscht diesen Trick inzwischen auch jeder bessere Finanzminister dem Steuerzahler gegenüber. Und das ganz ohne Anzeige.

Auspuff Neben seiner ohnehin titanenhaften Aufgabe, die mächtigen Abgaswolken des Trabant zu kanalisieren und gleichzeitig die allerschlimmsten Geräusche zu verheimlichen, fiel dem Auspuff noch eine ganz unbeabsichtigte Rolle zu. Er war ein Statussymbol. Natürlich nicht am Auto selbst, sondern in der Hand des glücklichen Ersatzteilkäufers. Mochte das Rohr-Ensemble auch noch so sperrig sein, es wurde in jedem Straßenbahnwagen mit freudigen Kommentaren empfangen. Auf öffentlichen Plätzen verursachte es spontane Aufläufe. Wildfremde Menschen erörterten plötzlich brennende Fragen, unter denen jene nach dem Woher unangefochten auf Platz eins lag. Der Ersatz-Auspuff diente ebensogut als universelles Argument wie als Entschuldigung. Ihn erstanden zu haben rechtfertigte jedes Zuspätkommen und beendete manchen Streit. Hier konnte der Trabant-Fahrer noch einmal seine Ur-Instinkte als Jäger ausleben, wenn er nach erfolgreichem Kampf mit der ersehnten Trophäe in der Tür stand und von seiner heimischen Sippe begeistert empfangen wurde. Ein Hochgefühl – nur eben aus der Steinzeit.

Benzinhahn Daß es den Benzinhahn überhaupt nur gibt, weil unserem Trabant das innere Organ Kraftstoffpumpe fehlt und er auf den freien Fall seines Lebenssaftes angewiesen ist, kann nicht jeder wissen. Aber wer den Benzinhahn betätigen will, muß körperlich fit sein. Durch seine bahnbrechende Plazierung auf Schienbeinhöhe vor dem Beifahrer ist es den Zwickauer Automobilwerkern gelungen, ganz nebenbei die Volksgesundheit spürbar zu stärken. Ohne rhythmisches Hinabbeugen des Oberkörpers und kräftige Handdrehung kann keine Fahrt beginnen. Auch die Muskelkraft von Millionen Alleinreisenden hat sich erheblich verbessert, vor allem wenn noch die beliebte Übung «Umschalten auf Reserve in voller Fahrt» hinzukommt. Daß bei diesem körperlichen Einsatz der Blickkontakt mit dem umliegenden Verkehrsgeschehen verlorenging, wirkte nur auf ängstliche Naturen abschreckend. Der Versuch, den erforderlichen Sportsgeist durch Einführung einer sogenannten Benzinhahnverlängerung technokratisch zu untergraben, die aus aufrechter Sitzposition bedient wurde, galt unter Anhängern des unverfälschten Fahrgefühls nur als Störmanöver.

Benzinstand Die enge menschliche Beziehung des Trabant-Fahrers zu den Innereien seines Wagens wurde noch gefördert durch eine weitere technische Notwendigkeit: das Feststellen der noch vorhandenen Benzinmenge. Luxusverwöhnte Besitzer anderer Automobile erledigen dies mit einem Blick auf die entsprechende Anzeige im Armaturenbrett. Der Trabant-Fahrer zückt dagegen ein eigens für diesen Zweck vorgesehenes Plastikinstrument und führt damit eine Untersuchung durch, die an ärztliche Inspektionen der Rachengegend erinnert. Zunächst wollen Motorhaube und Tankdeckel geöffnet sein, dann kann der bräunliche Benzinmeßstab vorsichtig eingeführt und schließlich abgelesen werden. Eine gewisse Standsicherheit und die ruhige Hand des Chirurgen garantieren genauere Meßwerte. Zum hygienisch korrekten Abschluß der Visite gehört ein Lappen, um die vom Instrument tropfende Flüssigkeit aufzunehmen.

Bremse Böse Zungen behaupten, statt mit Hilfe des rechten Pedals könne man wirksamer mit den Schuhsohlen direkt auf dem Straßenbelag bremsen. Dennoch muß beim Bremsen irgend etwas schwer Mechanisches ablaufen, davon zeugt das markante Quietschgeräusch. Wenn die Bewegungsenergie des Fahrzeugs schon nicht in Wärme umgewandelt wird, so doch wenigstens in diesen weithin hörbaren Warnton.

Cabrio 1985 gab es tatsächlich eine Designstudie für ein Trabant-Cabriolet – auch wenn das luftige Auto schließlich eine Luftnummer blieb. Aus Geldmangel schaffte es der Entwurf nicht mal vom Modell zum Prototyp.

Clubs Jede deutsche Liebe hat ihren Verein, und so gibt es Trabi-Clubs, Trabi-Arbeitsgemeinschaften, Trabi-Freunde und sogar einen Trabi-Stammtisch. Die Gesamtzahl aller Verbände wird auf ungefähr siebzig geschätzt. Mehrmals im Jahr halten die organisierten Pappologen auch Heerschau bei Trabi-Treffen. Das größte findet natürlich in Zwickau statt, ein Fachblatt heißt «Du und Dein Trabant», zu beziehen über den verantwortlichen Redakteur Ulrich Danz, Rathenaustraße 54, 42277 Wuppertal. Das internationale Trabant-Register «InterTrab» versucht die allmählich vom Aussterben bedrohte Fahrzeugspezies durch systematische Erfassung aller noch vorhandenen Exemplare zu retten.

CO-Emission Lange Jahre war überhaupt nicht entscheidend, «was hinten rauskommt». Nur wenn die blaue Rauchfahne so dicht wurde, daß man Gefahr lief, das Licht einschalten zu müssen, gab man ein berühmtes Handzeichen. Der mehrmals demonstrativ nach vorn geschobene Daumen stellte nicht etwa die Ostversion des Stinkefingers dar, sondern eine Aufforderung nachzuschauen, ob versehentlich der (→) Schock noch gezogen war. Kohlenmon-, Stick- und andere Oxide wurden zwar gelegentlich in einer Art ASU für Arme gemessen, aber nachhaltige Konsequenzen ergaben sich daraus nicht. Gegen die Überschreitung des EU-Grenzwertes für CO-Emissionen um das Doppelte hätte auch kein noch so heftiges Drehen an der Leerlaufgemischregulierschraube genützt. Statt dessen verlangten die Behörden einfach eine «abgasgerechte Einstellung», und die haben Fahrer und Vergaser bis heute. Beim Trabant kommt das Abgas zu seinem vollen Recht.

de luxe Ein Hauch von großer weiter Welt sollte in diesem mondänen Begriff anklingen, aber schon dessen stete Kleinschreibung mußte eigentlich mißtrauisch machen. Der Trabant de luxe konnte mit so verschwenderischen Ausstattungsmerkmalen wie «Sitzbezüge Wabenmuster» oder «Zusatzteppich für den Fahrgastraum» aufwarten. Als Zeichen hemmungsloser Prachtentfaltung durfte ferner die Kofferraumauskleidung angesehen werden. Extravagantes wie Rückfahrscheinwerfer, Nebelschlußleuchten und gar ein «Intervallschalter mit Wasch-Wisch-Automatik» ließen geheimste Wünsche in Erfüllung gehen. Doch die Krönung bestand darin, daß für die Vordersitze Kopfstützen vorgesehen und dazu sogar die entsprechenden

«Aufnahmen» in den Rückenlehnen vorbereitet waren. Mehr konnte nun wirklich kein Mensch verlangen. Höchstens ein richtiges Auto.

DHZ stand eigentlich für Deutsche Handelszentrale, nur wußte kaum jemand, was die Abkürzung bedeutete. Dafür kannten aber spätestens alle, die im Kindergarten schon mal das Wort Auto gehört hatten, die sagenumwobene DHZ-Abteilung für Maschinenbau. In diesem Zauberreich sollte es Trabanten schon nach kürzerer Wartezeit in Hülle und Fülle geben. Diese Gebrauchtfahrzeuge kamen aus staatlichen Betrieben und waren mehr Hülle als Fülle, aber dafür betrug die Lieferfrist nur sechs Jahre. Anschließend mußte fleißig gebastelt werden, aber schon im Märchen ist ja aus mancher Kröte noch ein ansehnlicher Prinz geworden.

Durchsicht Was war unser Trabant in jungen Jahren doch für ein Sensibelchen. Kaum aus der Werkhalle gerollt, bedurfte er nach den Strapazen einiger weniger Fahrversuche gleich wieder fachmännischer Behandlung. Gerade mal 500 Kilometer waren erlaubt, dann mußte man ihn unweigerlich zur ersten Durchsicht vorstellen. Schlimmer noch als die Drohung, andernfalls seine Garantieansprüche zu verlieren, klang manch verbreitete Schauergeschichte von Kolbenfressern oder gar Explosionen des Motors. Wer davon verschont blieb, erreichte das Etappenziel der zweiten Durchsicht nach 4500 Kilometern. So hatte der Trabant-Besitzer im ersten Halbjahr mit seinem neuen Fahrzeug immer gut zu tun. Allerdings weniger mit Fahren als mit dem Organisieren von Werkstattaufenthalten.

Duroplast (→) Embargo

Embargo Eigentlich ist der Westen schuld. Hätte er sich in den fünfziger Jahren nicht geweigert, Tiefziehbleche in den Osten zu liefern, wäre uns allen viel erspart geblieben. So aber nahmen die Zwickauer Ingenieure schreckliche Rache, indem sie für den Automobilbau einfach Zutaten verwendeten, die bereits vorhanden waren. Nach ersten Versuchen mit Harz und Baumwolle kam ihnen die Idee einer «Karosseriebeplankung aus Kunststoff auf textiler Grundlage». Da kann man im Nachhinein noch froh sein, daß man nicht seinen Mantel als Rohstoff abgeben mußte.

Ersatzteile waren und sind schon wieder Gegenstände von unglaublichem Seltenheitswert. Größere Stücke aus dem raren Sortiment wurden mitunter sogar als Zahlungsmittel akzeptiert. Wem das sagenhafte Glück beschieden war, trotz der widrigen Umstände im Laden zufällig auf ein Ersatzteil zu stoßen, der nahm es mit – ganz gleich, ob es gebraucht wurde oder nicht. Im Keller erfolgte dann die Einlagerung für schlechte Zeiten oder für unerwartete festliche Anlässe, bei denen Tauschgegenstände benötigt wurden, wie zum Beispiel Handwerkerbesuche ohne vorhandenes Material. Der Anblick der eigenen Vorräte muß manche Leute zu ganz unorthodoxen Überlegungen angeregt haben. Zeitweilig kursierte das Gerücht, jemandem sei es gelungen, die (→) Wartezeit auf einen Neuwagen dadurch zu umgehen, daß er sich sämtliche Einzelteile besorgte und sie selbst zu einem Auto zusammensetzte.

Export Auch früher gab es im Westen offenbar schon Experten, die etwas Ungewöhnliches als fahrbaren Untersatz zu schätzen wußten. Vielleicht waren es auch Masochisten, jedenfalls hatte es der staatliche Außenhandel der DDR auf wundersame Weise geschafft, den Trabant sogar nach Belgien, Dänemark, Finnland, Norwegen, Spanien und nach Südamerika zu

Hängerkupplung Der besondere Wert dieses Zubehörs ergab sich schon dadurch, daß es nachträglich angebaut werden mußte. Somit wies der unscheinbare Zughaken am Heck seinen Eigner nicht nur als geschickten Bastler, sondern auch als erfolgreichen Beschaffer aus, der über gute Beziehungen zu einer Werkstatt verfügte. Der Anhänger war natürlich nicht minder wichtig, denn mit ihm erschloß sich die wunderbare Welt des Kleintransports. Die Aussicht, etwas bewegen zu können, ohne sich um räumliche Begrenzungen kümmern zu müssen, brachte weihnachtlichen Glanz in jedes Auge.

Heizung Gleich drei beeindruckende Zugknöpfe sind für die Temperierung des Innenraumes vorgesehen. Ähnlich wie der Organist die Register zieht der Trabant-Fahrer diese Regler und lenkt damit angeblich lauter verschiedene Luftströme in die Kabine. Mechanisches Schrammen kündet zwar aus den Tiefen des Motorraums vom Umstellen irgendwelcher Klappen, aber das Ergebnis allen Mühens bleibt stets dasselbe. Egal, ob draußen vierzig Grad im Schatten herrschen oder zwanzig unter Null, da hilft kein noch so heftiges Zerren an «Frischluft», «Warmluft» oder «Verteilung», stets bläst das System unbeirrt sein müdes Lüftchen in die Fahrgastzelle, das weder richtig frisch noch richtig warm ist. Und das auch nur, wenn der Wagen rollt und der Fahrtwind sich ins Luftloch des Kühlergrills verirrt. Ansonsten helfen zur Klimaregulierung nur bewährte Methoden wie das Öffnen der Fenster im Sommer und die Mitnahme von Mützen, Mänteln und Wolldecken im Winter.

Himmel hat hier gleich zwei Bedeutungen. Einerseits lautet ein Spruch, alle Trabant-Fahrer kämen in den Himmel, weil sie schon auf Erden die Hölle durchleiden müßten. Andererseits ist damit natürlich auch die Bezeichnung für die Innenseite des Wagendachs gemeint. Dort zeigt sich der Himmel in aller Regel grau. Zur Aufmunterung durchzieht ihn aber eine Art Feinrippmuster, bei dessen Erfindung offenbar die Mako-Unterhose Pate gestanden hat. Die Randbegrenzung bildet ein dezent Ton in Ton gehaltenes Weichplastikband, das zugleich Schnittverletzungen an den scharfen Kanten der Karosserie vorbeugt. Bei Schlaglöchern ab zehn Zentimeter Tiefe löst sich dieser Saum besonders gern im hinteren Teil aus der Verankerung, so daß großen Fahrgästen auf dem Rücksitz der Himmel auf den Kopf fällt.

Höchstgeschwindigkeit Da kennt man ja nichts – bei 60 Stundenkilometern den vierten Gang rein, voll durchtreten und abwarten. Genug Zeit, um sich alles noch mal zu überlegen. «Die Straßenlage und die Beschleunigung Ihres ‹Trabant› sind ausgezeichnet», wissen wir schon aus der Betriebsanleitung. Aber dort steht auch: «Das sollte Sie nicht verleiten, leichtsinnig zu werden.» Hätten wir also lieber nur zu dritt statt zu viert fahren sollen? Sind wir mit dem Einpacken eines zweiten Koffers zu weit gegangen? Weht am Ende gar Gegenwind? Doch alle Sorge ist umsonst. Zuerst noch unsicher zitternd, dann aber deutlich entschlossen kriecht die Tachonadel über die Hundert hinweg. Und das ist der Beweis. Hundertfünf sind drin, die echte und einzig wahre Höchstgeschwindigkeit.

Hycomat Die Automatik des Trabant. Sie sollte, wie es hieß, «weitgehend störungsfrei» arbeiten, doch darauf vertrauten anscheinend nicht mal die Hersteller. Sonst hätten sie den Hycomat-Trabant ja wohl kaum mit einem eigenen «Fußhebelwerk» ausgestattet. Dieses ermöglichte notfalls die Weiterfahrt wie mit einer normalen Kupplung, für deren Benutzung man am besten Bergsteigerstiefel anzog. Denn bei jedem Tritt auf das Pedal bohrte sich ein Metallzacken, die sogenannte Klinke, in die Schuhsohle und erinnerte schmerzhaft daran, daß von einer richtigen Automatik kaum die Rede sein kann. Aber so ist er nun mal, unser Trabant: alles für den Menschen, alles mit dem Menschen, alles durch den Menschen.

IFA Abkürzung für Industrieverband Fahrzeugbau der DDR. Zu diesem Monstrum von Unternehmen gehörte neben allen Lastwagenfabriken auch der Volkseigene Betrieb IFA-Kombinat Personenkraftwagen. Selbigem wiederum entsproß der ob seiner Ruppigkeit berüchtigte IFA-Vertrieb, über den die Vermutung im Umlauf war, er sei eigentlich dazu da, die Kunden zu vertreiben und nicht den Trabant.

Innenbeleuchtung Ein winziges, immerfort von Kriechströmen, Wackelkontakten und Kurzschlüssen bedrohtes Funzelchen sorgt für nette Schummeratmosphäre. Durch seine wohldurchdachte Plazierung rechts über dem Beifahrersitz entstehen dazu noch lange Schatten, die jede Suche nach Gegenständen im unteren Bereich des Fahrgastraumes zu einem kurzweiligen Gesellschaftsspiel werden lassen. Einen Türkontakt, der beim Ein- und Aussteigen automatisch für Erhellung sorgen würde, sucht man vergeblich. Es muß von Hand geschaltet werden.

Je nach Lage sickerten in den siebziger und achtziger Jahren Informationen über einen völlig neu entwickelten Trabant durch. Drohte die Volksseele wegen des alten Kastens zu sehr in Wallung zu geraten, tauchte prompt irgendwo zwischen Kap Arkona und Fichtelberg der obligate Augenzeuge auf, der versicherte, höchstselbst des modernen Prototyps ansichtig geworden zu sein. Nur langsam setzte sich die Erkenntnis durch, daß solche Begegnung der außerirdischen Art schon von jeher zur Menschheitsgeschichte gehören. Man nennt sie sonst bloß UFO.

Karosserie Mancher hat eine Leiche im Keller, der Trabant-Fahrer hat ein Gerippe im Auto. Genauer gesagt, ein Aufbaugerippe. Dieses ist mit einem «profilierten Plattformrahmen» verklebt, und alles zusammen nennt sich Karosserie. Einem alten Handbuch zufolge bestand die Aufgabe dieses Bauteils unter anderem darin, eine «behagliche Fahrgastzelle» zu sein. Immerhin – wer schon dazu verurteilt war, Trabant zu fahren, sollte wenigstens in einer gemütlichen Zelle gefangen sein.

Katalyt-Ofen Eine sorgfältige Vorbereitung sichert das Überleben der Trabant-Besatzung auch unter widrigen Fahrbedingungen. Alte Hasen wußten sich zum Beispiel schon vor Urzeiten durch eine tragbare Heizung gegen Kälteeinflüsse zu schützen, das war der legendäre Katalyt-Ofen. Mehrere Stunden vor Reisebeginn wollte dieses graue Metalltönnchen zunächst mit einigen Litern des Brennstoffs betankt werden, dem es seinen Namen verdankte, nämlich Katalyt-Benzin. Weiterhin galt es noch, eine Filzfläche damit zu durchtränken, die als Zünder diente. Dann kurzer Schritt zurück, Abwenden des Kopfes laut Arbeitsschutzbelehrung, Streichholz an und in Richtung des Zünders geworfen – puff, schon brannte die Apparatur. Oder auch das Wohnzimmer, in dem die heikle Operation meist stattfand. Warm wurde es in jedem Fall.

Keilriemen Vor allem seine Kränklichkeit macht dieses Riemchen gleichermaßen berühmt wie berüchtigt. Jederzeit muß damit gerechnet werden, daß es ein Opfer seiner schwachen Konstitution wird und reißt. Dann steht dem Fahrer eine schwere Prüfung bevor. Versehen mit «Gabelschlüssel SW 10 bis 17» und «mittlerem Schraubendreher» taucht er in die Tiefen des unteren Motorbereichs ab, wo geheimnisvolle Wesen wie der «selbsterregte Nebenschlußgenerator mit Polschuh und Kommutator» zu Hause sind. Ein zäher Kampf auf engstem Raum entbrennt, bei dem jede Schraube erbitterten Widerstand leistet. Wenn auch die Motorumgebung an sich nicht unter Überfüllung leidet, kommt es doch ausgerechnet dort, wo der Keilriemen eben noch unbeschwert seine Runden drehte, zu beängstigendem Gedränge aller Anrainer. Nur wer hier nicht aufgibt und wacker mit der Abstandshülse und dem Axiallüfter ringt, wird am Ende von sich behaupten können, daß er die hohe Schule der Eigeninstandsetzung beherrscht. Da macht es auch nichts, wenn der neue Keilriemen vielleicht zu locker sitzt und pfeifende Geräusche von sich gibt. Deutlicher könnte das Lebenszeichen ja kaum ausfallen: Ich pfeife, also bin ich.

Klassenkampf Kaum zu glauben, aber der Trabant war auch Klassenkämpfer. Nicht im Sinne von «überholen ohne einzuholen» – dazu wurde er selbst zu oft überholt –, aber sein bloßes Vorhandensein war schon Klassenkampf genug. Galt es doch als Zeichen «der ständigen Verbesserung des materiellen Lebensniveaus des werktätigen Volkes». Das wiederum ergab sich aus seiner Eigenschaft als (→) Konsumgut.

Konsumgut Der Trabant gehörte zum Adel der Konsumgüter, zu jenem erlauchten Kreis von Produkten, die das Prädikat «hochwertig» führen durften. Wie bei den richtigen Blaublütern schlichen sich allerdings nach und nach auch hier Krethi und Plethi unter die besseren Herrschaften, so daß sich letzten Endes außer Grundnahrungsmitteln fast alles zu Höherem berufen fühlte. Vor allem zum höheren Preis. Da fiel es gar nicht mehr auf, daß der Trabant unter den Autos nicht gerade ein Edelmann war. Erst jetzt wird ihm dieser gehobene Stand noch zuteil, als späte Genugtuung.

Kraftstoffmomentanverbrauchsanzeige In schönstem Abkürzungsdeutsch auch KMVA. Diese sinnige Einrichtung besteht aus mehreren halbkreisförmig angeordneten Leuchtdioden, unter Eingeweihten auch LED, die durch grünliches Blinzeln signalisieren, was sowieso jeder weiß: Je mehr Gas man gibt, desto mehr Benzin wird verbraucht. Ursprünglich ersonnen, um die volkseigenen Kraftstoffvorräte durch staatstragende Fahrweise zu schonen, stellte die Apparatur schnell ihre Nutzlosigkeit unter Beweis. Nur ein stehender Trabant ist schließlich ein sparsamer Trabant. Um dem Ganzen aber doch noch eine gewisse Sinnstiftung abzugewinnen, erfand der Volksmund für die KMVA eine ganz andere Bezeichnung, nämlich «Mäusekino».

Krückstock Mögen andere Leute am Stock gehen, wir im Trabant fahren am Stock. Die Krücke gleich rechts neben dem Lenkrad soll uns eigentlich als Schalthebel beim Wechsel der Gänge helfen, doch stellt sie sich meist dumm. Erst läßt sie sich nur durch kräftige Männerhand aus dem zähen Fettbett holen, von dem sie in ihrer Ruhestellung festgehalten wird. Dann aber, wenn sie einmal herausgezerrt ist, weigert sie sich prompt, von alleine dorthin zurückzukehren. Eine Feder, die sie automatisch beim Loslassen in den Leerlauf befördern würde, kennt die Krückstockschaltung natürlich nicht, denn im Trabant ist eben noch echte Handarbeit gefragt.

Krümmer Ein unauffälliger und doch einflußreicher Geselle aus dem Motorraum, der die eben erst den Zylindern entfahrenen Gase in den Auspuff lenkt. Diese anstrengende Tätigkeit nimmt den Krümmer gesundheitlich mächtig mit, und deshalb leidet er unter einer typischen Berufskrankheit, er bekommt das Reißen. Aus dem hellen Knattern des Motors wird plötzlich ein grimmiges, bedrohlich dunkles Bollern, welches uns in Erinnerung ruft, daß auch im 26-PS-Gehäuse die Urkräfte des Explosionsantriebs walten. Während das Gebrechen heutzutage, um es mit Wilhelm Busch zu sagen, «störend wird empfunden, dieweil es mit Geräusch verbunden», konnte der Trabi-Pilot früher auf verständnisvolle Nachsicht hoffen. Da wurden der Krümmer und seine Beschwerden im Bekanntheitsgrad höchstens noch vom Abendgruß des Sandmännchens übertroffen. Vielleicht auch deshalb, weil der bärtige Zwerg der einzige war, dessen Trabant stets reibungslos funktionierte.

Kübel Die Trabant-Variante für «gesellschaftliche Sonderbedarfsträger» erinnerte auf den ersten Blick an ein (→) Cabrio, erwies sich aber bei genauerem Hinsehen nur als das übliche Standardmodell, dem man Dach und Türen wegoperiert hatte. Vor allem Volksarmee und Grenztruppen verspürten «Sonderbedarf» nach diesem Typ. Deshalb kam er meistens in grüner Tarnfarbe daher und erinnerte an einen rollenden Essenkübel, Modell Erbseneintopf. Der rührende Versuch, das Gulaschkanonen-Image wenigstens beim Export abzustreifen, führte zu der Bezeichnung «Trabant-Tramp», dem Cabrio-Ersatz.

Ladekontrolleuchte Spannenderes kann man sich kaum vorstellen als die immer wieder drängende Frage: Geht's nun aus oder nicht, das kleine rote Licht? Wenn ja, erfreut sich die Batterie einer milden Stromspende durch die Lichtmaschine und der Fahrer eines ruhigen Gewissens. Aber wehe, wenn nicht – dann lauert irgendwo Ungemach. Vielleicht ist die «Masseverbindung am Bürstenhalter» gestört, oder der (→) Keilriemen legt gerade ein besonders loses Betragen an den Tag. Welcher Kosmos an Möglichkeiten sich hier eröffnet, läßt schon das diagnostische Vokabular der einschlägigen Reparaturanleitungen erkennen. Nicht nur extrem helle rote Lämpchen sind dort vorgesehen, sondern auch glimmende, zeitweilig verlöschende oder flackernde.

Laterne Es war einmal eine Zeit, da standen die Autos noch nicht lückenlos in langen Reihen am Straßenrand. Nur hie und da parkte verloren ein Trabant, weshalb die Hüter des Gesetzes in jenem längst versunkenen Königreich namens DDR auf einen seltsamen Einfall kamen. Jeder Wagenlenker, bestimmten sie, müsse des Nachts sein Automobil hinreichend beleuchten. So begab es sich, daß immer, wenn die Dämmerung einsetzte, alle Kutscher und Chauffeure des Landes unter die Laternen drängten, auf daß ihr Wagen vom Schein des Lichts erhellt werde und sie selbst Gnade fänden vor den Augen der strengen Obrigkeit. Die Jahre gingen dahin, und wiewohl sich die Autoschmieden im Reiche gar schwertaten mit dem Herausrücken neuer Fahrzeuge, wurden es doch allmählich so viele, daß die Laternen beim besten Willen nicht mehr langten. Ein paar besonders naseweise Untertanen bauten darob an ihrem Gefährt ein kleines rot-weißes Lichtlein an, das Parkleuchte hieß und wahre Wunder bewirken sollte. Doch ach – wie groß war die Enttäuschung, als sie am nächsten Morgen erwachten, und nur ihre Batterie wie von Geisterhand entleert vorfanden. Kein noch so großes Wehklagen half ihnen da, sie mußten zur Strafe an diesem Tag zu Hause bleiben. Seitdem haben sich die Zeiten geändert, und wie ihre Leidensgefährten mit anderen Fabrikaten können auch Trabant-Fahrer längst nicht mehr auf Erleuchtung beim Parken hoffen. Nur manchmal, ganz heimlich, und wenn sie nicht gestorben sind, dann träumen sie davon noch heute.

Leerlauf Es soll ja Motoren geben, die so leise sind, daß man gar nicht weiß, ob sie überhaupt laufen. Diese Gefahr besteht beim Trabant nicht. Im Gegenteil, ganz so, als genügte nicht schon sein fideles Geräusch, verblüfft der Motor im Leerlauf die Zuhörer auch noch durch beschwingte Bewegungen. Ohne erkennbaren Grund ruckelt er nervös auf der Stelle hin und her, als könne er die Abfahrt gar nicht erwarten. Dann aber, wenn es soweit ist, stellt er sich prompt scheintot. Oder er gibt sich überraschend selbst Gas, was dem Ungehorsam eines verklemmten Bowdenzugs zuzuschreiben ist. So gesehen offenbart der Leerlauf allerlei Eigensinn des Wagens, aber Eigensinn deutet schließlich auf Charakter.

Minol-Pirol Dieser schräge Vogel war einst das Maskottchen der ostdeutschen Tankstellenkette Minol und insofern ein enger Bekannter des Trabant. Äußerlich fiel er vor allem dadurch auf, daß er stets einen Trichter bei sich trug, was zwar zoologischer Blödsinn, aber ein werbetechnisch raffinierter Hinweis auf den öligen Versorgungsauftrag der Ersatz-Amsel war. Den Höhepunkt seiner Karriere erklomm der gefiederte Freund, als er vorübergehend sogar im Fernsehen auftrat. Die wegen Warenmangels bald wieder abgesetzte Sendung «Tausend Tele Tips» bereicherte er mit dem klassischen Werbespruch: «Den Tele-Tip, der helfen soll, gibt Ihnen der Minol-Pirol.»

Nadelfilz Der Filz, so das Lexikon, sei ein Textilerzeugnis, dessen Fasern «sich unter Einwirkung von feuchter Wärme, Druck und Seife umschlingen». Auch wenn vielleicht mancher bei dieser Formulierung an einen Kuß unter der Dusche denkt, geht es hier um die Herstellung von «unentwirrbaren festen Flächengebilden». Aus diesen Gebilden wiederum formte die Meisterhand alle Ablagen, Teppiche und Auskleidungen des Trabant. Nehmen wir zum Nadelfilz noch das reichlich an Gestängen und Lenkung haftende Fett hinzu, so hätte das Interieur auch glatt von Joseph Beuys entworfen sein können.

Nebelscheinwerfer Die vier Feinde des Sozialismus – Frühling, Sommer, Herbst und Winter – waren auch nicht gerade Busenfreunde des Trabant-Fahrers. Doch wenigstens in den herbstlichen Dunstschleiern versuchte er mit Hilfe von Nebelscheinwerfern den Durchblick zu bewahren. Die Leuchten kamen entweder unter dem kryptischen Kürzel H 3 als Bestandteil der Luxusausstattung ab Werk, oder sie waren bei günstigem Stand der Gestirne auch mal im Laden erhältlich. Für den Selbstanbau gab es genaue Vorschriften «gemäß § 36 der Typenprüfung». Weil sich aber die Zahl der Typen, die wußten, was mit dieser Prüfung gemeint war, in Grenzen hielt, baute jeder drauflos: Spätestens nach einem halben Jahr zeigten dann die runden gelben Lampen in alle Himmelsrichtungen. Aber Nebel ist ja auch nicht immer nur vorn.

Orden und Ehrenzeichen Gemäß der alten Erkenntnis, daß Orden der Lohn armer Staaten sind, ließ die DDR in schöner Regelmäßigkeit auch über die Zwickauer Automobilwerker Auszeichnungen aller Art herabregnen. Keine runde Produktionszahl wurde erreicht, kein Jahrestag verging, ohne daß man ein paar «Aktivisten der sozialistischen Arbeit» kürte. Auch das «Banner der Arbeit» zierte manche Brust. Damit die Jugend nicht zu kurz kam, durfte es ebensogut mal eine Anerkennung «Für hervorragende Leistungen in der Bewegung Messe der Meister von Morgen» sein. Die einzigen, die ungerechterweise bei der Dekoriererei immer leer ausgingen, waren die Trabant-Fahrer. Für sie gab es aber auch nichts Passendes, denn die DDR kannte keine Tapferkeitsmedaille.

Panne Der Alptraum aller Autobesitzer hat für den Trabant-Kenner längst seinen Schrecken verloren, denn die Panne ist fester Bestandteil seines Alltagslebens. Außerdem kann er auf die moralische Unterstützung von so verläßlichen Helfern wie dem Dreibock rechnen. Will der Wagen nicht mehr, genügt ein Griff ins Futteral, und schon ist diese Blechleiste mit ihren warnenden Katzenaugen zur Hand. Sicherheitshalber läßt sich oben noch ein rotes Fähnchen (politisch wertfrei) aufstecken, dessen lustiges Flattern erheblich zur Entspannung der Situation beiträgt. Der Hilfe eines Pannendienstes bedarf es kaum, weil der voraussichtige Fahrer stets eine gut sortierte Kleinwerkstatt mit sich führt: Dank Dreikanthohlschaber, Wobla-Prüfer und Klebstoff Kittifix gelingt es, den Fehler innerhalb weniger Stunden zu beheben. Was könnte schöner sein, als sich nach solch einem Erfolgserlebnis neuen Horizonten zuzuwenden, wo schon weitere Pannen auf uns warten.

Parteitag Alle fünf Jahre nahm die SED auf diesem Höhepunkt im Leben der Werktätigen «komplex zu den wichtigsten Fragen der Politik, Wirtschaft und Ideologie» Stellung. Auf die hochwichtige Frage, wie die Trabant-Produktion zu steigern sei, fiel ihr aber nie eine vernünftige Antwort ein.

Perlonstrumpf Sollte es denn in der klassischen Trabant-Familie überhaupt eine durchgängig verbreitete Eigenschaft gegeben haben, so war es zweifellos ihr Verständnis fürs Praktische. Erinnern wir uns nur an folgendes Beispiel: Man fuhr auf der Autobahn, und plötzlich passierte die Katastrophe. Irgend etwas verabschiedete sich flatternd aus dem Motorraum, und das zuständige Kontrollämpchen lief schamrot an. Alle ahnten, was keiner auszusprechen wagte: Der (→) Keilriemen hatte sich verabschiedet, und Ersatz war nicht zur Hand. Doch Gott sei Dank hatte Muttern noch just vor Fahrtantritt im Handelsimperium der HO ein Paar Perlonstrümpfe erstanden. Ihr schüchtern vorgebrachter Einwand, es handle sich aber um die selten geschauten Nahtlosen, konnte angesichts des höheren Notstands nicht verfangen. Hier mußten alle Opfer bringen. So griff sich der Familienvater den einen Strumpf und schlang ihn um all die Rollen und Scheiben, auf denen sonst der Keilriemen sein Tagewerk vollbrachte. Noch einmal kräftig zugeknotet, und schon konnte es weitergehen. Der andere Strumpf aber wanderte ins mitgeführte Ersatzteillager. Wieviel tausend Kilometer Keilriemenband auf diese Weise durch die volkseigene Perlonproduktion ersetzt wurden, wird wohl eines der großen Weltenrätsel bleiben.

Politbüro Das Verhältnis dieses DDR-Vorstehervereins zu seinem Stiefkind Trabant war gespalten. Einerseits mochten die Herrschaften den Wagen nicht und zogen für sich selbst gewisse Modelle des Klassenfeindes vor. Andererseits ließen sie sich nicht davon abhalten, jede Kleinigkeit höchstpersönlich zu bestimmen, sobald es um Wohl und Wehe der Pappe ging. Daß sie den Gegenstand ihrer Entscheidung gar nicht aus eigener Erfahrung kannten, war egal. Die Partei, die Partei hatte ja immer recht.

Prägemarke Man könnte es sich an dieser Stelle einfach machen und sagen: Das war das TÜV-Siegel des Ostens. Farblich käme es hin, denn immer mal wieder wurde amtlicherseits ein anderes Kolorit verordnet. Aber schon bei den Kontrollfristen fängt der Vergleich an zu hinken. Alle zwei Jahre war die Sicherheitsprüfung nicht möglich, weil sich die wenigen Werkstätten bei fast drei Millionen Trabanten von Kopf bis Fuß nur noch auf das Kleben von Prägemarken hätten einstellen müssen. Die ersten Modelle der Prägemarke waren aus Plastik, und sie wurden am Nummernschild festgesteckt. Jeder Nachbar auf dem Parkplatz konnte das gute Stück in einem unbeobachteten Augenblick durch flinkes Abdrehen zunächst an sich und dann mit Hilfe des bewährten Klebemittels «Duosan Rapid» auch an seinen Trabi bringen. Später gab es die Prägemarke als Abziehbild. Der unbestreitbare Vorteil, daß sich die neuen Exemplare nicht mehr klauen ließen, ohne sie zu beschädigen, wurde nur durch einen Nachteil getrübt. Beim zweiten oder dritten Regenguß ging das Bildchen ganz von selbst ab.

Preis Ein Thema von wahrhaft epischer Dimension. So wie der Wagen sich selbst kaum veränderte, führte auch die große Volksaussprache über den Preis stets zu demselben Ergebnis: viel zu teuer. Die genannten Zahlen wurden groß und größer, ganz wie es sich angesichts der «ständigen Erhöhung des materiellen Lebensniveaus der Bevölkerung» gehörte. Theoretisch jedenfalls. Praktisch empfand das Publikum schon den usprünglichen Preis von schlappen 7000 Mark als ausgesprochen ungehörig. Damit die später einsetzende Verteuerung wenigstens jener Käuferschicht nicht so auffiel, die im Mathematikunterricht immer geschlafen hatte, ließ sich das Preisamt schon bald ein heiteres Zahlenrätsel einfallen. Zum «Grundpreis», der weitgehend konstant blieb, wurden immer atemberaubendere «Mehrpreise» addiert, bis der letzte Trabant mit dem alten saftlosen Zweitaktmotor zum Schluß schon saftige 13000 Mark kostete. Aber damit gaben sich die Planwirtschaftler noch lange nicht geschlagen. Bei dem neuen Modell mit dem Polo-Motor von Volkswagen holten sie zum Gegenschlag aus und subventionierten sogar die Produktion. Offenbar zur Tarnung dieser ökonomischen Meisterleistung wurde der Preis trotzdem auf 20000 Mark festgelegt. Gezahlt hat diese astronomische Summe aber kaum noch jemand, denn zeitgleich mit dem Hochschrauben des Preises erfolgte in Ungarn schon das Abschrauben der Grenzzäune.

Probefahrt Jeder weiß, daß man einem Autohändler nicht ohne triftigen Grund zu nahe kommen darf. Andernfalls wird man unweigerlich zu einer Probefahrt geladen, obwohl man nur Ersatzwischerblätter erstehen wollte. Das war nicht immer so. Als unser Trabant endlich ausgeliefert wurde, diente die Probefahrt mehr zur Seelenmassage des Verkäufers als zum Kennenlernen des fahrbaren Untersatzes. So durfte sich der neue Besitzer nicht selbst hinters Lenkrad klemmen, vielmehr hieß es in den Lieferbedingungen klipp und klar: «Der Käufer ist berechtigt, an der Fahrt teilzunehmen.» Der IFA-Vorführer demonstrierte dem eingeschüchterten Kunden, wie flott er mit dessen Auto durch die Halle zu kurven verstand. Vor einem eigens installierten Spiegel hielt er an und beeindruckte alle Insassen, indem er darauf hinwies, wie der Blinker blinkte und das Licht leuchtete. Und als wären dies nicht schon der Wunder genug gewesen, tat sich unversehens noch ein Tor in der Wand auf, durch welches der Mann hinaus in den Hof steuerte. Dort ließ er es sich nicht nehmen, einige Müllcontainer zu umrunden und gleichzeitig die Anrainer in den benachbarten Gärten durch mehrfache Betätigung der Hupe zu erfreuen. Nach kurzem Herumfuchteln mit einer blauen Broschüre, die den trügerischen Titel «Trabant-Service» führte, brauste er dann wieder zurück in die Halle. Während sich der Vorführer nach dieser Spritztour in aufgeräumter Gemütsverfassung präsentierte, hinterließ er seine Kunden nicht selten schweißgebadet. Daran waren sie aber selbst schuld, denn sie hätten nur das Kleingedruckte auf dem Kaufvertrag genauer lesen müssen. Dort war von «Prüfungsfahrt» die Rede, und eine Prüfung besteht man eben nicht so leicht.

Qualifikation braucht es auch, um den Trabant rein sprachlich zu verstehen. Verblüfft er den Besitzer doch mit eigentümlichen Bezeichnungen, die auf ihre Weise unterstreichen, daß dieses Auto etwas besonderes ist. Beim «Signalhorn» assoziiert man noch rasch eine Hupe, aber welcher durchschnittlich gebildeter Kraftfahrer weiß schon, was eine «Heckhaube» sein soll? Nur der Trabant-Pilot kennt augenblicklich des Rätsels Lösung: Es handelt sich um den Kofferraumdeckel. Auch mit dem «Starterzugknopf» weiß er auf Anhieb etwas anzufangen, denn dahinter verbirgt sich der (→) Schock. Und daß die «Instrumententafel» keine Ablage für das Operationsbesteck des Bordarztes ist, sondern nur das Armaturenbrett, versteht sich fast von selbst. Manche Neuschöpfung klingt auch einfach eleganter, selbst wenn sie nicht besser aussieht. «Radzierdeckel» zum Beispiel macht doch erheblich mehr her als nur Radkappe. Und aus unvergänglichen Wortkreationen wie «Zündanlaßlenkschloß» statt Zündschloß oder «Kraftstoffbehälter» statt einfach Tank spricht nur der freie Geist des Technikers, der die Niederungen der Umgangssprache verlassen und die lichten Höhen der Ingenieurs-Poesie erreicht hat. Dort heißt das Gaspedal auch «Fahrfußhebel», der Stoßdämpfer «Schwingungsdämpfer», und die Schneekette verwandelt sich in eine «Gleitschutzkette». Selbst wenn der Goethe dreimal behauptet, Name ist Schall und Rauch, hier gilt: Wo viel Schall und Rauch, ist auch viel Name.

Radialreifen «Die Reifen», forderte noch 1990 ein Reparaturhandbuch, «sollen die Masse eines Fahrzeugs fahrbahnschonend verteilen.» Betrüblicherweise zeigten sich die Fahrbahnen mit ihren Schlaglöchern zu keinerlei fahrzeugschonender Gegenleistung bereit. Die besten Überlebenschancen wurden allgemein noch dem Radialreifen eingeräumt. Falls diesem Getreuen doch einmal die Puste ausging, genügte ein Schlauchwechsel, und schon konnte es mit dem «idealen Reifen für hohe Dauergeschwindigkeiten» weitergehen. Wer schicke Turnschuhe trägt, wird ja auch nicht gefragt, ob er wirklich schnell laufen kann.

Radiovorbereitung Mein Gott, was haben wir gelacht. Dieses ulkige Deckelchen mit den Riffeln im Armaturenbrett sollte allen Ernstes die Stelle markieren, wo ein Radio plaziert werden sollte. Das muß man sich mal vorstellen: Trabant fahren und gleichzeitig Radio hören. Das ist ungefähr so wie ein Flötenkonzert im Kesselraum der Titanic. Doch als Nachbar Schröder mit seinem neuen «601 S de luxe» vorfuhr, war der Deckel weg, und es gab ein funktionierendes Radio, zwar Mono und mit Zeiger, aber immerhin. Sogar Musik kam raus; wenn der Motor nicht lief, konnte man es deutlich hören. So weit, so gut. Schröders fuhren mit ihrem neuen Wagen in Urlaub, und als sie nach drei Wochen wiederkamen, zeigten sie sich auch über das aktuelle Radioprogramm bestens informiert, nur brüllten sie plötzlich wie wild. Aber sie haben es noch rechtzeitig gemerkt und ihren Selbstversuch abgebrochen. Merke: Die Radiovorbereitung ist okay, nur die Nachbereitung macht Schwierigkeiten.

Radkappe Zu Anfang hatte dieses Teil etwas Erotisches. Es war groß, gewölbt und weich. Ein leichter Druck mit der Hand genügte – schon blieb eine Beule. Die war dann nicht mehr erotisch, sie führte zu Unwuchten und damit zu jenem typischen Klappern und Scheppern, das jede Fahrt des frühen Trabant untermalte, bis sich die eiernde Geräuschquelle endlich selbständig machte und auf eigenen Wegen davonrollte. Ansonsten konnte sie auch als Katapult dienen: Wer beim Radwechsel die Muttern in die Radkappe legte, um sie nicht zu verlieren, trat garantiert irgendwann auf den Rand, und sofort schnipste der Deckel seinen Inhalt in hohem Bogen hinter die Böschung. Ob deshalb die weniger schwungvolle Radkappe vom «Typ flach» folgte, mag dahingestellt sein. Fest steht jedenfalls, daß auch dieses neue Exemplar aus Plastik mit den bewährten Eigenschaften der alten Generation, wie Lautstärke und lockerem Sitz, aufwartete. Ruhe herrschte erst, als von der flächigen Radkappe nur noch die winzige Achsstumpfabdeckung übriggeblieben war, «ein kleines, süßes Ding, das jedermann liebhatte, der es nur ansah». Radkäppchen frei nach den Gebrüdern Grimm.

Radsturz Anderswo wird ein Sturz als negativ empfunden, beim Trabant ist er positiv. Allerdings auch nur bei den Rädern. Die stehen genau 28 Millimeter nach innen und kennzeichnen «das unbelastete, fahrfertige Fahrzeug». Weil es aber ohne Fahrer partout nicht fährt, muß es doch belastet werden, und der schöne positive Sturz geht allmählich in den negativen Bereich über. Je nachdem wie sehr die Räder am Ende auseinandergrätschen, kann der Fachmann schon von außen das Gesamtgewicht aller Fahrgäste und des Gepäcks abschätzen.

Räucheraal war eine probate Behelfswährung, wenn sich (→) Ersatzteile mit normalem Ostgeld nicht beschaffen ließen. Auch verchromte Badewannenhähne und Klosettspüler aus Metall wurden in Zahlung genommen. Für ein paar Kästen Bier der Sorte Pilsner Urquell oder mehrere Kartons des Rotweins «Rosenthaler Kadarka» konnte man sich zumindest noch Hoffnungen machen. Größere Tauscheinheiten wie farbige Waschbecken oder Klappfenster fürs Hausdach gingen natürlich besser. Und Fliesen, egal ob Wand oder Boden, liefen sowieso immer gut. Am besten kamen aber «blaue Kacheln» an. Das war ein Synonym für die alten Hundertmarkscheine aus dem Westen.

Regenrinne Nur vorn und an den Seiten verfügt das Wagendach über solche Wasserableiter, aber das reicht schon, denn viel wichtiger als die Funktion der Rinne bei Regen ist ihre anderweitige Nutzung. Man kann einen Dachgarten daran festschrauben und dadurch endlich jenen Koffer mitnehmen, den der eigentlich dafür vorgesehene Hinterraum des Autos sich beharrlich aufzunehmen weigert.

Reisegeschwindigkeit Es lebe der kleine Unterschied – zwischen Höchst- und Reisegeschwindigkeit. Erstere soll nicht länger als fünfzehn Minuten beibehalten werden, heißt es schon in den Geboten der Gebrauchsanweisung. Und der folgsame Wagenlenker stellt sich daher auf die empfohlene Dauerleistung von achtzig Stundenkilometern ein. Doch es gibt noch mehr zu beachten: Wenn ein Trabant bei längerer Autobahnfahrt ruckartig langsamer wird, hat er keineswegs einen Motorschaden. Der Fahrer gehorcht nur einer weiteren Verhaltensmaßregel der Zwickauer Broschüre, die von ihm verlangt, «durch den Gaswechsel die Schmierwirkung zu erhöhen». Daß nach größeren Auffahrunfällen vielleicht nie wieder geschmiert werden muß, verschweigt das Lehrbuch allerdings.

Reserverad Leicht zugänglich ist es ja, aber das liegt nur daran, daß es nicht liegt, sondern steht: aufrecht im Kofferraum. Ausgerechnet an dem Ort, wo es auf jeden Kubikmillimeter ankommt, darf sich das Reserverad nach Herzenslust breitmachen. Man staunt immer wieder, wie groß das Ding dort ist. Seine vier Brüder unten am Auto sehen viel kleiner aus. Und verwöhnt wird es obendrein. Als es für die menschlichen Mitfahrer noch gar keine Sicherheitsgurte gab, wurde das Ersatzrad schon mit Kunstlederband und Schnalle vor Stürzen und Beschädigungen bewahrt. Hier zeigt sich, wie wahrhaft großzügig der Trabant doch von Natur aus ist: Er verschenkt Sicherheit und Platz, obwohl es ihm selbst an beidem mangelt.

Rost Ein Plus von Pappe und Plastik könnte ja wenigstens darin bestehen, daß man rostfrei über die Runden kommt. Klappt aber nicht. Auch wenn der Trabant als Auto der deutschen Einheit alles andere als ein Spalter ist, so hat ihn sein Schöpfer doch selbst mit allerlei Spalten versehen, in denen sich der Rost gern häuslich einrichtet. Im Prinzip wirkt Rost zwar schädlich, doch er zeigt dem Trabant-Besitzer, daß irgendwo ganz tief im Herzen seines Fahrzeugs auch noch Metall vorhanden sein muß. So gesehen ist Rost fast ein wertsteigernder Faktor.

Rückfahrscheinwerfer «Vorwärts immer, rückwärts nimmer», lautete eine beliebte Losung des Großen Vorsitzenden Honecker. Wahrscheinlich wurde schon deshalb der Trabant nicht serienmäßig mit Rückfahrscheinwerfern geliefert. Leider bestanden einige subversive Elemente darauf, ihren Wagen entgegen der allgemeinen Entwicklungsrichtung der Gesellschaft rückwärts zu bewegen. Schlimmer noch, sie schauten dabei sogar nach hinten und verlangten obendrein Licht für ihr finsteres Treiben. Da aber auch andere Grundsätze der sozialistischen Gemeinschaft wie «Alle erreichen, keinen zurücklassen» unmißverständlich klarstellten, daß dies nicht der richtige Weg war, konnte eine so reaktionäre Form der Beleuchtung nur in Ausnahmefällen als Luxusausstattung genehmigt werden.

Rücksitz Das ist der Stoff, aus dem die großen Leidensgeschichten der Menschheit sind. Weil die Hinterbänkler im Trabant nicht über eigene Türen verfügen, haben sie schon beim Einsteigen ihre liebe Not. Sie können die ihnen zugewiesene Sitzgelegenheit nur unter Umgehung der Vorderplätze erreichen – die aber lassen niemanden durch. Auf Hebelzug kommt die Rückenlehne zwar ein Stück nach vorn, aber das ist nicht mehr als ein knappes Nicken, wo es doch einer tiefen Verbeugung bedürfte. Also können die nach hinten Verbannten nur mit List und Tücke durch die Lücke. Längst vergessene Körperkünste wie Luftanhalten und Baucheinziehen werden dabei reaktiviert. Und schnell muß es auch noch gehen, denn sonst zeigen die Nutzer der Vordersitze ihren rückwärtigen Kollegen, die sich da gerade auf die billigen Ränge quälen, durch unmißverständliches Augenrollen oder Grinsen, wer hier vom Schicksal begünstigt und in der ersten Reihe plaziert wurde. Einsteigen kann man diesen Vorgang gar nicht nennen, eher schon einfädeln.

Scheibenwischer Wenn nicht viel Scheibe vorkommt, gibt's auch nicht viel zu wischen, sollte man meinen. Irrtum. Das Vorderfenster ragt beim Trabant so steil auf, daß zur Senkrechten nicht mehr viel fehlt. Ein genialer Entwurf, kann doch so trotz minimalen Materialeinsatzes jederzeit maximaler Luftwiderstand gewährleistet werden. Ganz nebenbei fängt die sturmumtoste Frontscheibe auch noch jede Menge Insekten ab, und eventuelle Regengüsse fließen nicht etwa zur Seite, sie klatschen mit ordentlicher Wucht aufs Glas. Über Mangel an Beschäftigung konnte der Scheibenwischer mithin noch nie klagen. Womöglich blieb ihm deswegen auch jahrzehntelang eine Intervallschaltung versagt.

Schiebedach war eigentlich falsch und stimmte trotzdem. Bei dem heißbegehrten Teil handelte es sich strenggenommen um ein Glashubdach, an dem nichts geschoben werden konnte. Aber *mit* dem ganzen Ding konnte man prima schieben, denn es stammte als Nachrüstsatz meist aus dem Intershop, der staatlichen Westgeldfalle der DDR.

Schlauchlos Weitaus übermütiger als sein Kollege von der Radialzunft benahm sich im Alltag der schlauchlose Diagonalreifen. Legte sich etwa eine Bordsteinkante quer, reckte ein vorwitziger Pflasterstein seinen Katzenkopf in die Höhe oder brandete gar eine Bodenwelle gegen die gummibewehrten Wülste – sofort war ihm dies Anlaß, den Dienst zu quittieren. Er sprang ab. Und was ist schon der Abstieg vom Matterhorn gegen einen Absprung vom Felgenhorn, möglichst noch mit achtzig Sachen? Nach erfolgreicher Landung verhieß dann die Reparaturpackung «DEKAFIT» Abhilfe gegen Löcher. Doch wie manch andere Verheißung erfüllte sich auch diese nicht immer: Ein Schlauch mußte eingezogen werden. Bei dieser Gelegenheit cremte der umsichtige Fahrer die Felge noch schnell mit «Felgit» zur Bekämpfung von Fältchen und Rostansatz ein, daraufhin war der typische schlauchlose DDR-Reifen fertig, nämlich mit nachträglich eingebautem Schlauch.

Schließkeil Angeblich soll dieses Stückchen Metall dafür sorgen, daß die (→) Tür richtig schließt. Bedauerlicherweise weiß es aber nichts von seinem Auftrag und macht einfach, was es will – am liebsten die Sachen einsteigender Fahrgäste dreckig.

Schmierplan Nein, selbst bei diesem Auto war das keine Anleitung zur möglichst systematischen Bestechung ganzer Werkstattbelegschaften. Man erfuhr vielmehr fesselnde Neuigkeiten über die Anwendung des «Wälzlager-Komplexfetts SWC 423».

Schock Ob eine bestimmte Absicht dahintersteckt, daß im Trabant aus dem englischen Choke ein deutscher Schock geworden ist, läßt sich nicht mit letzter Sicherheit beantworten. Die Betätigung des gleichnamigen Knopfes kann auf jeden Fall Schockzustände auslösen. Dabei spielt es gar keine Rolle, ob man die Stellung «auf» oder «½» wählt. Ist die Büchse der Pandora in Gestalt des Startvergasers einmal geöffnet, wird alles, was hinter uns kommt, gnadenlos mit Auspuffgasen eingenebelt. Andere Autotypen haben solch listige Tarnmanöver nicht zu bieten, deshalb reagieren deren Fahrer oft ein wenig panisch auf unsere Rauchzeichen. Aber schon nach zehn Minuten wird sich alles verzogen haben und die Sonne wieder schön wie nie über Deutschland scheinen.

Schürze Um dieses Kleidungsstück zu tragen, muß der Trabant-Fahrer nur zwei Muttern an der Vorderfront des Autos lösen, dann hält er seine eigene Schürze in der Hand. Aus unerfindlichen Gründen sind in diesem Bereich des Wagens lauter Küchenbegriffe zur Anwendung gelangt. So verspricht außer der Kühlerschürze auch noch ein Grill die Zubereitung kulinarischer Genüsse, und damit der Köchin nicht die Kopfbedeckung auf den Braten fällt, könnte sie sich sogar einer Haubenstütze bedienen.

Schweller Auch wenn der Duden uns glauben machen will, dieses Ding sei «Teil der Orgel und des Harmoniums», wissen wir, daß an unseren Schwellern nichts orgelt und keine Harmonie herrscht. Sie sind zwei Metallstreifen unten an den Türrahmen, und man würde ihnen normalerweise wenig Aufmerksamkeit widmen, wenn ihr Zustand nicht eine Art Lackmustest für das Befinden des ganzen Trabis wäre: Beide rosten nämlich wie verrückt und zeigen somit rechtzeitig an, daß die Pappe auch innen naß geworden ist und faulen könnte.

Scirocco-Heizung Die Krönung aller Versuche, etwas Wärme ins Gehäuse zu bringen: Wer sein eigenes Zähneklappern im Winter nicht mehr ertragen konnte und die schnelle Problemlösung durch Selbstverbrennung mit dem (→) Katalyt-Ofen ablehnte, ließ sich eine Standheizung des oben genannten Typs einbauen. Davor war natürlich der übliche Passionsweg zu bewältigen, denn ohne mehrmalige Bittbesuche ließ sich das lebensrettende Aggregat weder im Handel noch in der Werkstatt auftreiben. Das eigentliche Wunder bestand jedoch in seiner Namensgebung. Normalerweise wurde zu DDR-Zeiten jedes Wort vermieden, das auch nur im entferntesten die Sehnsucht nach unerreichbaren Reisezielen zu wecken vermochte. Und plötzlich blies einem der warme Wind des Mittelmeers aus dem Motorraum ins Gesicht. Der Scirocco – das besagt ein einschlägiger Lehrsatz der Wetterkunde – wirkt zugleich «nervenerregend und den Körper erschlaffend». Genau so fühlte man sich, wenn die Heizung endlich eingebaut war.

Sechshunderteinser Bestimmte historische Daten verändern das Leben: 1964 bekam der Trabant das einzige Mal eine neue Karosserie. Seit diesem denkwürdigen Ereignis hieß er P 601, oder einfach Sechshunderteinser. Aus den 18 Pferdestärken des ersten Motors waren inzwischen 23 geworden. Wenn man das mal hochrechnet, hätte der Trabant heute einen 1,1 Liter-Motor mit 48 PS haben müssen. Bloß gut, daß diese müde Entwicklung dank weiterer historischer Begebenheiten unterblieben ist.

Seitenfenster Wenn die Passagiere im Fond einmal allzu übermütig wurden, weil sie es wider Erwarten geschafft hatten einzusteigen, brachte sie der Fahrer mit einem wirksamen Erziehungsmittel wieder zur Räson. Er schnitt ihnen kurzerhand die Frischluftzufuhr ab. Hinten ließen sich nämlich die Fenster nicht öffnen, und die Erstickungsgefahr nahm erst 1984 ab, als nach dem Vorbild eines japanischen Importautos das Ausstellfenster abgekupfert wurde.

Siegeszug Bekanntlich versuchen gewisse Kreise seit Jahren, die unverbrüchliche Freundschaft zwischen uns und unserem Trabant mit fortschrittsfeindlichen Behauptungen zu untergraben. Diese Machenschaften gipfeln in der wahrheitswidrigen These, es habe in der langen Geschichte des Fahrzeugs überhaupt keine wesentlichen technischen Weiterentwicklungen gegeben. Natürlich wissen wir, daß eine solche Verleumdungskampagne nur das Ziel verfolgt, friedliebende Werktätige an den objektiven Errungenschaften des Zwickauer Automobilbaus zweifeln zu lassen. Doch darauf fallen wir nicht herein. Dennoch: Es ist an der Zeit, endlich dieses Vorurteil der Ewiggestrigen aus der Welt zu schaffen und an dieser Stelle in knapper Form dem unaufhaltsamen Siegeszug der technischen Verbesserungen, die der Trabant durchlaufen und durchlitten hat, ein Denkmal zu setzen.

Bereits ein Quartal nach Produktionsbeginn des P 601 wurde der neue «Dachhimmel aus Steppelastine-Maliwatt» eingeführt. Noch im gleichen denkwürdigen Jahr, es war 1964, ertüchtigten der «Vergaser mit Schutzschild» und die «Lichtmaschine mit Staubkappe» den Wagen allseitig für die Fährnisse des damaligen Straßenzustands.

Oder nehmen wir nur die beliebten «zwei Klemmstücke», die 1965 für eine beinahe vollständige Dichtheit der Heckhaube sorgten. Auch waren erst neun Monate seit Herstellungsbeginn vergangen, als der legendäre «Innenspiegel blendfrei» Einzug hielt. Und nur wirkliche Kulturbanausen können behaupten, daß ihnen 1966 die «Änderung der Pleuelstangenlagerung von nadelgelagert in zweireihiges Zylinderrollenlager» egal war. Schließlich klang das Ganze doch fast wie die Änderung eines Anzugs von der Stange in einen nadelstreifigen Zweireiher mit Zylinder. Überhaupt waren die Vordersitze jetzt «mit PU-Schaum gepolstert», und als am Ende dank einer «Sicherung der Radnabe mit Sicherungsblech und Sechskantmutter» beim Fahren die Räder nicht mehr abfielen, stieß auf einmütige Zustimmung unter den Werktätigen. Daß Neuheiten nicht immer großen Aufwand erfordern, bewiesen die Experten aus der Anlasserfertigung. Durch geschickte Neuauslosung der traditionsreichen Kombination 08/15 mit zwei Zusatzzahlen schufen sie mühelos den Starter vom «Typ 8201-5/5».

Im April 1967 gelang es, die Anzahl der im staatlichen Gesundheitswesen registrierten Fingerknöchelbrüche drastisch zu senken, da fortan das «Heckhaubenscharnier mit automatischer Stütze» arbeitete. Auch unsere Freunde, die Bremsen «Duplex vorn» und «Simplex hinten» nahmen ihre segensreiche Tätigkeit auf. Als Sensation des Februars 1968 registrierte die Automobilwelt, daß der Trabant nunmehr die «Motornummer am Kurbelgehäuse-Oberteil» trug, obwohl die letzte aufsehenerregende Veränderung, der «Radzierdeckel in flacher Form», erst wenige Wochen zurücklag. Für eine gewisse sportliche Note sorgte bald darauf die «Hinterfeder mit Hartgewebezwischenlagen», indem sie das Abfangen größerer Fahrbahnunebenheiten dem Weichgewebe am Hinterteil der Insassen übertrug.

Auch im Jahr 1969 jagte ein Höhepunkt den anderen. Da wurde «gekontert» (Gemischregulierschraube am Vergaser 28 B 2-7), «ausgewalzt» (Blattenden der Vorderfeder) und «dreigeteilt» (Abgasanlage), was das Zeug hielt. Den Clou brachte jedoch der November, denn wie ein Lichtstrahl aus bewölktem Himmel fiel in diesen trüben Monat das Eintreffen des langersehnten «Türaußengriffs mit versenktem Betätigungsknopf». Über derartige technische Höchstleistungen wurde der modische Pfiff bei der Bekleidung nicht vergessen. So erhielt der Motor ein schwarzes Mäntelchen, das seinen Siegeszug unter dem originellen Modellnamen «Schallschluckhaube» antrat. Dezent darauf abgestimmt präsentierte sich außerdem die «Schaltrolle am Schaltfinger ohne Splint/jetzt eingeknöpft». Hochwertigste Materialien gelangten zur Verarbeitung, etwa die exquisiten «Flachbandgummis» als Zierde jedes Auspuffs oder gar Kork bei der grandiosen «Kraftstoffhahndichtung (4-Loch-Scheibe)».

Dem unerschöpflichen Erfindungsreichtum der Entwicklerkollektive ist es zu danken, das 1971/72 selbst so komplexe Probleme wie der Einsatz der «Fensterkurbel in Plastausführung» und des «Außenspiegels Rechteckform» erfolgreich gelöst werden konnten. Um die Chancen beim Lotteriespiel des Anhaltens zu verbessern, wurde ab 1973 die Tombola am «Bremshalteblech mit 4 Nieten und 1 Schraube (anstelle 5 Nieten)» durchgeführt. Ferner vermeldet die Geschichtsschreibung für jenes Jahr lakonisch «Schriftzüge in Plast», doch der Zeitzeuge ahnt auch hier die historische Leistung, die sich dahinter verbirgt. Hatte er doch gerade erst feststellen können, wie angenehm es sich ohne Schmiere auf der Hose fuhr, denn eine «Lenksäulenverkleidung» war endlich Wirklichkeit geworden. Da glättete sich manche Sorgenfalte, und es paßte ins Bild, daß nun ebenso die «Gelenkbolzen mit glatter Stirnfläche» Optimismus ausstrahlten.

Politisch war unser Trabant immer auf der Höhe der Zeit. Kaum traten beispielsweise Ende der siebziger Jahre die ersten Grünen für einen globalen Klimaschutz ein, schon solidarisierte er sich mit ihnen durch «Änderung der Bremsflüssigkeit von Globo-blau in Karipol-grün». Und für den Fall, daß noch immer ein paar ganz Unverbesserliche seinen Siegeszug aufhalten wollten, ließ er revolutionäre Wachsamkeit walten: «Entfall der Unterbrecherabstützung» hieß 1979 die verdiente Strafe für solche Elemente. Seinen Getreuen jedoch ließ er jede erdenkliche Fürsorge angedeihen. So sollte den Fahrern beim Anblick der unglaublichen Geschwindigkeitszahlen nicht länger die Erblindung drohen, deshalb kam 1982 der «Tacho mit Blendschutz». Und angesichts der neuen «wartungsarmen Batterie» machte es doch so gut wie gar nichts mehr, daß man noch immer auf die Batterie selbst warten mußte. Auch die Wende hätte der Trabant glatt von alleine in die Wege geleitet, wenn ihm nur genug Zeit geblieben wäre. Kein Bürger guten Willens kann schließlich umhin anzuerkennen, daß sich schon im Mai 1987 die «Einbaulage des elektr. Blinkgebers um 180° gedreht» hatte. Das sind doch unleugbare Tatsachen! Im Dezember veränderte auch noch der «Wischermotor in der Stirnwand» seine Lage, und es ließ sich schon absehen, daß am Ende der ganze Trabant andersherum gefahren wäre.

Aber wir können auch heute noch die Kurve kriegen, liebe Freunde. Lassen wir uns unsere Vergangenheit nicht nehmen. Es war nicht alles schlecht! Wiegen wir uns weiter in der vertrauten Geborgenheit des «Mehrscheiben-Sicherheits-Glases (MSG)», seien wir aktiv mit der «neuen Türinnenbetätigung», meistern wir die Schlüsseltechnologien der «umgestellten Schlüsselweiten». Vorwärts zu weiteren Verbesserungen! Wer zu spät kommt, den bestraft der TÜV!

Splitter Im gewöhnlichen Leben kennen wir die Pappe als harmloses biegsames Material, das sich notfalls auch zusammenknautschen läßt. Aber der Trabant macht das Gewöhnliche zum Besonderen, und so kommt es, daß hier die Pappe im Notfall nicht mehr nachgibt, sondern splittert. Irgend jemand hat dieses Verhalten mal mit einem Keks verglichen. Nur muß die Person ein Scherzkeks gewesen sein, denn an frischem Gebäck kann man sich nicht schneiden. Am Trabant schon.

Sportlenkrad Wo einem eh schon das glatte Steuerrad und die Schaltkrücke aus den Fingern rutschten wie die Seife in der Badewanne, verlangte der Mini-Lenker noch zusätzlichen Einsatz. Mit Servo-Hilfe war ja nicht zu rechnen, deshalb brauchte es hier den trainingsgestählten Bizeps. Weniger sportliche Naturen dürften mit so einem Lenker öfter geradeaus gefahren sein, als ihnen lieb war.

Stoßhorn In den Vereinigten Staaten montieren sich manche Autofahrer ganze Büffelgeweihe auf die Motorhaube. Abgesehen davon, daß der Trabant dafür nicht genug Platz bietet, hat er soviel Imponiergehabe auch gar nicht nötig. Schließlich ist er schon von Natur aus mit Stoßhörnern gesegnet. Sie sitzen als schwarze Gummikeile hinten und vorn auf der Stoßstange und warten nur darauf, jemand anrempeln zu können. Weil aber an dem kleinen Trabant alles niedriger hängt als an anderen Autos, treffen sie größere Gegner meist unter der Gürtellinie.

Tank Jeder moderne Kraftfahrer kennt dieses unbefriedigende Gefühl beim Tanken, wenn das Benzin einfach gurgelnd irgendwo im Auto verschwindet. Später hört man es manchmal vielleicht noch herumschwappen, aber wo es genau steckt, weiß niemand mehr zu sagen. Nicht so im Trabant, da herrscht Ordnung. Schwarzglänzend und viereckig thront unter der Motorhaube jener Blechkarton, der das Zweitaktgemisch aufnimmt. Klare Linien bestimmen sein Bild, beispiellos präsentiert sich die Symmetrie der seitlich aufstrebenden Spannschrauben M 8, und in zeitloser Herrlichkeit schimmert mattsilbrig der Deckel. Nur Nörgler ohne Sinn für Ästhetik wenden ein, daß dies trotzdem alles höchst gefährlich sei, weil der Beifahrer praktisch das Benzin auf dem Schoß halte.

Tankstellennetz Geben wir's zu: Manchmal war die Planwirtschaft ja auch imponierend. Sie schaffte es zwar nicht ansatzweise, irgendwas Vernünftiges in ausreichenden Mengen zu produzieren. Dafür zwang sie aber sogar Menschen zum Planen, die das gar nicht vorhatten. In früheren Zeiten konnte man nämlich nicht einfach mit dem Trabant zu einer Reise aufbrechen. Dem stand neben der Mauer auch das staatliche Tankstellennetz im Wege. Ach was, wenn es mal im Wege gestanden hätte. Allenfalls ab Kreisstadt aufwärts war mit einer der gelbroten Spritschenken von Minol zu rechnen. Ihre Gesamtzahl blieb so kümmerlich, daß der volkseigene Autoatlas locker jede einzelne DDR-Tankstelle einzeichnen konnte. Das war auch bitter nötig, denn bei einem Verbrauch von rund acht Litern Benzin auf hundert Kilometer und gerade mal 26 Litern Vorrat im Tank mußte man bald nach Fahrtantritt wieder an die Boxen. Die aber wollten erst mal gefunden sein. Eine Route wurde deshalb ebenso nach dem Reiseziel geplant wie nach den Tankstops. Beträchtliche Umwege waren dabei normal, aber die Planwirtschaft sparte eben um jeden Preis. Auch um den des erhöhten Benzinverbrauchs. Daß es nie Kanister zu kaufen gab, beruhte offenbar auf derselben Gesetzmäßigkeit.

Totalschaden Dieser automobile Exitus bedeutete längst noch nicht das Ende; er unterstrich höchstens, daß dem Trabant ewiges Leben geschenkt war. Wenn der Unfall das Vehikel auch noch so sehr demoliert hatte – selbst für die letzten Trümmer der Katastrophe standen sofort Aufkäufer bereit. Hauptsache, die Papiere hatten überlebt und die Nummern an Motor und Fahrgestell ließen sich noch entziffern. Der zerstörte Rest wurde dann nach und nach in künstlerischer Feinarbeit des Heimwerkers wiederhergestellt. Hätte Andy Warhol jemals was davon erfahren, er wäre mit Sicherheit stolz auf soviel Papp-Art gewesen.

Tourenwagenrennen Mochten die Großen einst noch so schnell über den Nürburgring brettern, auch der Sachsenring hatte seine eingeschworenen Fans. Dort legten sich noch Leute in die Kurve, die jede Schraube ihres Flitzers persönlich kannten, und ein Garagenbastler ersetzte den ganzen Rennstall. Man zeltete gleich neben der Piste, es gab ein richtiges Fahrerlager und abends Goldbroiler satt. Das schönste war aber, daß der Trabant mit auf die Strecke durfte. Und wenn nicht die DDR-Oberen mit ihrer blöden Bezeichnung Tourenwagenrennen alles verraten hätten, wäre das Ganze garantiert als Formel Eins durchgegangen.

Trabant «Nur der ist tot», heißt es in einem persischen Sprichwort, «der keinen guten Namen hinterläßt.» So gesehen kann er gar nicht tot sein, denn Namen hinterlassen hat er nun wirklich zuhauf, der Trabi. Oder heißt er eigentlich Tra*bb*i?

Bei solchen Kleinigkeiten geht's nämlich schon los. Im Streit um das zweite B liegt schließlich fast etwas Philosophisches. Sollen wir uns mit Hilfe des Doppelkonsonanten an den blubbernden Klang des Wägelchens erinnern, oder halten wir's lieber mit der Gangart des Trabs, wie sie aus der einfachen Variante herauszuklingen scheint? Im Grunde stimmt ja beides nicht: Der Motor blubbert keineswegs, sondern er knattert nervtötend, was bekanntlich immer wieder Anlaß zu verblüffenden Umschreibungen gab. Die Konstrukteure nannten den Antrieb gern «spritzig», ein Wort, das im Klartext ungefähr soviel wie helltönend und kraftlos bedeutet. Nach der Wende wurde es dann modern, davon zu sprechen, daß der Motor «töffelt». Aber der Begriff ist wahrscheinlich von einem Journalisten mit spätinfantilem Hang zur Lautmalerei erfunden worden. Was das Traben angeht, so kann auch davon keine Rede sein. Spätestens die heftige Ruckelei im dritten Gang bei Schiebebetrieb erinnert eher an ein Rodeo als an friedliches Reiten. Doch welche Schreibweise man auch wählt, fest steht, daß beide liebevolle Kosenamen sind.

Kein Wunder, wurde der Trab(b)i doch auch vielfach zu einer Art Familienmitglied: erst sehnlichst erwartet, später wohlbehütet oder bedauert wie ein Kranker, wenn er mal zur Reparatur mußte, und nach seinem Ableben schmerzlich vermißt. Dieses innige, ja ausgesprochen persönliche Verhältnis gab dem etwas pathetischen Namen Trabant, *der Begleiter*, im Nachhinein durchaus seine Berechtigung. Die zweite Bedeutung, *der Leibwächter*, wollen wir wegen der eher schlichten Sicherheitsqualitäten an dieser Stelle nur nebenbei erwähnen.

Gemeinsam ist allen Bezeichnungen jedenfalls etwas Spielerisches. Man konnte den Trabant als vollwertiges Auto eben nicht ganz ernst nehmen, es sei denn, man setzte sich der Gefahr aus, selbst nicht ganz ernst genommen zu werden. Die offizielle Benennung «Kleinwagen Trabant vom VEB Automobilwerke Sachsenring Zwickau» wirkte denn auch noch künstlicher als das Material, aus dem das Objekt gefertigt war. Ein Umstand übrigens, den der Volksmund mit dem entwaffnend deutlichen Kürzel *die Pappe* schon von Beginn an zurechtzurücken wußte. Wer mehr das Groteske liebte, konnte überdies auf *Rennpappe* ausweichen und damit gleich noch den Fetisch Auto ad absurdum führen. Denn an Geschwindigkeit und Rennen war hier – von Null auf Hundert noch am gleichen Tag – ja eigentlich nicht zu denken, eher ans Wegrennen. Auch was Psychologen sonst noch in die Seele des automobilen Germanen hineindeuten, schlug beim Trabi sämtlich fehl: Seine Urform eignete sich weder zur Selbstdarstellung noch zum Ausleben von Aggressionen. «Formschön und zuverlässig» sollte der Wagen sein, wenn man der Werbung Glauben schenkte. Das tat allerdings niemand, denn Millionen Besitzer verließen sich lieber auf ihr Augenlicht und erkannten ein äußerlich unscheinbares und im praktischen Betrieb höchst eigensinniges Beförderungsmittel. Doch genau dies machte aus dem Gefährt erst einen Gefährten, wobei der Mangel an Alternativen die Zuneigung erheblich förderte.

Daß man trotzdem keine Illusionen über die Schwächen des Geräts hegte, zeigt ein an Offenheit kaum zu überbietender Begriff wie *der Stinker*. Freilich ließ sich auch diesem flugs ein familiärer Anstrich geben, dann hieß der Trabi *der kleine* oder *unser kleiner Stinker*. In letzterem mochte sogar eine gewisse politische Doppelbödigkeit stecken, denn auch die DDR wurde im offiziellen Sprachgebrauch ständig als «unsere» qualifiziert. Ganz unverhohlen politisch ging es natürlich ebenfalls: *Arbeiter-und-Bauern-Volvo* etwa spielte auf den Umstand an, daß sich die alte Führungselite im Gegensatz zum Fußvolk lieber bestimmten Schwedenkarossen anvertraute. Wobei Fußvolk insofern nicht ganz zutraf, als es ja die *Geh-Hilfe* gab, und das war eine weitere Bezeichnung des Trabi. Manchmal war er auch der *Mercedes-Krenz* oder der *Zwickauer Flüchtlingskoffer*. Selbst eine westlich der Elbe nur unter Mühen nachvollziehbare Schöpfung wie *Zittröhn* zielte über das reine Wortspiel hinaus (Zittern plus Dröhnen plus Citroën) ins Politische. Die DDR hatte Anfang der achtziger Jahre mehrere tausend französische Autos importiert, die zum Zwecke der «Kaufkraftabschöpfung» für utopische Preise angeboten wurden. Die meisten Normalbürger konnten aber mangels Kapitalmasse nicht abgeschöpft werden. Deshalb blieb ihnen nur die übliche Trabi-Witzelei, welche bei dieser Gelegenheit eine unerwartet frankophone Wendung nahm und den *Carton de blamage* hervorbrachte.

Ansonsten gelangte der *Sachsenporsche* aber sprachlich nur selten ins Ausland, was genau genommen gerecht war, denn seine Besitzer kamen ja zu DDR-Zeiten auch kaum dorthin. Immerhin hatte er als *Duroplastbomber* eine Art von klassischer

Halbbildung. «Durus», so lehrt uns das Lexikon, ist Lateinisch und bedeutet hart. Jawohl, hart war an ihm alles, von der Federung bis zum Sitzgestühl. Und das mußte sich natürlich auch auf seine Insassen auswirken. Manch einer von ihnen wies Nichtlateiner zu Recht mit dem Aufkleber «Trabantfahrer sind die härtesten» auf diesen Umstand hin.

Am häufigsten entzündete sich die Phantasie jedoch an der Tatsache, daß der Trabi klein war und über eine Ausstattung verfügte, die spartanisch zu nennen fast einer Beleidigung der alten Dorer gleichkam. Am kleinsten klang er jedenfalls als *Asphaltblase* oder *Asphaltpickel*. Und woraus er hauptsächlich bestand, war mit *überdachte Zündkerze* nicht wesentlich untertrieben. Richtiges DDR-Weltniveau erreichte auch das Bonmot vom *ersten Kofferraum ohne Auto*.

Nur einmal, ganz zum Schluß, bekam er etwas, was ihn richtig aufwerten sollte, weil das Aggregat aus dem Westen importiert wurde. Der VW-Polo-Motor kam aber zu spät, und deshalb hatte das Publikum bloß Spott für ihn übrig. Es lief ein letztes Mal zu großer Form auf und ersann für den Trabi-Bastard das höhnende Wort von der *Mumie mit Herzverpflanzung*. Aber dann war Schluß mit lustig, wie immer, wenn's pathetisch wird. Seit der Wende heißt er *Legende*, oder auch *Legende auf Rädern*, was sich zugegebenermaßen nicht so schön reimt. Aber darum geht es bei Legenden ja weniger und bei einer so ungereimten Konstruktion wie dem Trabant schon gar nicht. Legenden handeln bekanntlich von Heiligen, und selbst wenn die katholische Kirche den Trabi als einstmals ungetaufte rote Socke nie zu einem solchen machen wird, ist er doch schon heute Gegenstand fast kultischer Verehrung. Man muß kein Prophet sein, um vorauszusagen, daß diese noch wachsen wird, je mehr Exemplare der Spezies den Weg aller Pappe gehen. Was man nicht mehr sieht, ist schließlich immer am schönsten gewesen.

Tür Vermutlich handelt es sich hier um das einzige Teil eines Autos, das je zum geflügelten Wort wurde. Dabei verdankt die Trabant-Tür ihren Bekanntheitsgrad weder dem Aussehen noch der Größe. Es ist der tägliche Umgang mit ihr, der sie jedem Herzen näherbringt. Und vor allem jedem Ohr. Mit entschlossenem Blick in der Pupille und eisernem Griff am plastenen Bügel muß sie meist mehrmals ins Schloß geworfen werden. Akustisch erweckt der Fahrer durch dieses donnernde Inferno den Eindruck, mindestens zwanzig Türen zu haben, was seiner geschundenen Seele ausnahmsweise einmal guttut. Ganz anders die Wirkung auf die Psyche des Fahrers: Er kann nach einer Weile nicht mehr unterscheiden, welche Art Pforte er gerade schließt, und knallt von der Kreißsaaltür bis zum Friedhofsportal alles laut zu, was ihm in die Quere kommt. Daß dies von den Krankenkassen nicht als behandlungsbedürftiges Leiden anerkannt wird, ist auch wieder so ein Mangel am Einigungsvertrag.

Übernachtung Wie schnell kann es geschehen, daß es bei der frohgemuten Reise einmal spät wird. Kein Problem, wir bleiben einfach über Nacht. Der Trabant als Gastgeber richtet uns zwar keine Schlafstatt auf der Couch, aber oben auf dem Dach hat er noch ein Plätzchen frei. Sollen sich andere in lauten Hotelzimmern herumwälzen, uns genügt das volksverbundene Hochzelt mit Gummisauger und Aufstiegsleiter. Zwei Personen, seitlich gelagert, finden dort oben Raum für die entspannende Ruhe nach einem erlebnisreichen Tag. Und wenn ein Windstoß die ganze Konstruktion abräumt, wird der Tag noch um ein weiteres unvergeßliches Erlebnis bereichert.

Ubotex Klingt wie Unkraut-Ex für U-Boote, war aber jahrelang das einzige verfügbare Konservierungsmittel für den Unterboden.

Unsere Menschen Ein Gespenst ging um in der DDR – das Gespenst namens unsere Menschen. Niemand kannte unsere Menschen persönlich, aber sie waren ideologisch gestählt, sie hatten den Schritt vom Ich zum Wir getan und mußten nun zur Strafe als moralinsaures Kollektiv durch alle Zeitungsseiten spuken. Angeblich war der Trabant das Auto für unsere Menschen, aber es kann an dieser Stelle versichert werden, daß solche Scheintoten nie in ihm gesichtet worden sind.

Unverwüstlich Da sieht man mal, welche Macht im Worte steckt, auch wenn es noch so klein ist. Mit dem Adjektiv unverwüstlich sollten ja nur die Gebrauchseigenschaften des Trabant auf einen griffigen Nenner gebracht werden, aber am Ende ist eine ganze Lebenshaltung daraus geworden. Auch der Fahrer steht hier seinem Auto in punkto Robustheit nicht nach. Was immer den beiden an Schwierigkeiten begegnet, gemeinsam werden sie's schon meistern. Dieser unerschütterliche Optimismus eint Mensch und Maschine ebenso wie die Entschlossenheit, sich nicht unterkriegen zu lassen. Der alte Aristoteles hatte schon recht: Ein Freund ist eine Seele in zwei Körpern.

Vergaser Nur zwei Buchstaben muß man vertauschen, dann heißt er Versager, und diesen Spitznamen hat er sich auch redlich verdient. Gewöhnliche Sterbliche kämen ja nie auf die Idee, so ein empfindliches Bauteil zu zerlegen, aber für den Trabant-Fahrer gehört die Operation am offenen Vergaser zu den leichtesten Übungen. Nichts Verstopftes ist ihm dort fremd, und bei Robert Lembke hätte er mit der typischen Handbewegung «Düse durchstoßen» bestimmt manches Schweinderl füllen können. «Schwimmer schütteln» wäre auch gegangen, denn dieses so sportlich klingende Kernstück des Vergasers muß immer wieder vor dem Tod durch Ertrinken gerettet werden. Dafür erwartet der echte Trabant-Freund natürlich keinen Ruhm, so wie es ihn auch nicht ins grelle Licht des Fernsehstudios zieht. Er käme dort sowieso nie pünktlich an, denn er muß vorher ja noch sein heiteres Versager-Raten absolvieren.

Versicherung Das waren noch Zeiten, als wir den Mann von der Rammburg-Klammheimer nicht kannten oder die dynamischen Jungs von der Dalliganz. Was für ein Unterschied zu damals, kurz nach der Steinzeit, wenn sich heute ein Vertreter der Haftpflichtversicherung vor unserer Pforte einfindet. Nur ein kleiner Schritt ist es für den Versicherungsmenschen über unsere Schwelle, aber ein Riesenschritt für die Menschheit. Mußten wir uns früher noch selbst ins karge Büro des einzigen staatlichen Versicherers bemühen, so kommt uns heute das Glück direkt ins Wohnzimmer. Wie groß ist doch die Freude über soviel Zuwendung, und wir wollen denn auch gewißlich nicht beklagen, daß die Prämien für den Trabant nun zwei- oder dreimal höher sind als zuvor. Dafür kommen auch zwei- bis dreimal täglich Versicherungsleute zu uns.

Vertragswerkstatt Der Trabant-Besitzer mußte nicht nach Norditalien reisen, um zu erfahren, wie Heinrich IV. zumute gewesen sein muß. Canossa lag ganz in der Nähe und hieß Vertragswerkstatt. Dort gab es keine Zinnen und Zugbrücken, aber völlig uneinnehmbar erwies sich dafür die Dame an der Rezeption. Trotzdem mußte man irgendwie ins Innere der Festung gelangen, denn nur dort, im Allerheiligsten, durften die ersten beiden Durchsichten, die Inspektionen, vorgenommen werden. Entschied man sich zur Belagerung, waren starke Nerven und gutes Schuhwerk gefragt; über Wochen hinweg galt es, jeden Tag neu vorstellig zu werden, bis die Bastion endlich wankte. Ließ man sich auf ein kämpferisches Turnier ein, hießen die Disziplinen Wortgefecht, Wutausbruch und Beschwerdedrohung. Dadurch aber war das Burgfräulein nur selten zu beeindrucken. Blieb also noch der Minnedienst: Mit Blumenbukett, Pralinenkarton und schmachtendem Blick stellten sich die schönsten Söhne des Landes vor, und manchmal gelang es einem von ihnen tatsächlich, die Huld der Umworbenen zu gewinnen. Doch wie man es auch anstellte, stets nahm das ritterliche Treiben im automobilen Mittelalter unendlich viel Zeit in Anspruch. Über König Heinrich konnte man bloß staunen. Der war in Canossa schon nach drei Tagen fertig.

Vertrösten Wenn die Bestellzeit überhaupt nicht mehr vergehen wollte und der Kunde im Autohaus bescheiden nachfragte, hatte er vielleicht Glück. Er bekam natürlich keinen Trabant, aber vielleicht zeigte der Verkäufer Mitgefühl. Der höchste Ausdruck seiner seelsorgerischen Arbeit war das Vertrösten. Man solle doch in vier Wochen noch einmal vorbeischauen, war dann zu hören. Natürlich hätte der Mann ebensogut sagen können in vier Jahren. Aber man zeigte sich ja schon dankbar, daß überhaupt noch Hoffnung zu bestehen schien und begriff zugleich, warum die Regierung immer vom historischen Optimismus redete.

Vorfreude Spätestens seit der Wiedervereinigung wissen wir, daß die frohe Erwartung mitunter angenehmer ist als die Erfüllung des Wunsches. So war es auch früher schon im Osten. Man freute sich im Reisebüro auf das Urlaubsziel oder beim Anstehen auf die Bananen und anläßlich der Bestellung auf den flotten Wagen. Nur riß einen bald das wirkliche Leben aus diesen Wunschträumen. Die Ostseeplätze waren schon alle weg, statt Bananen gab's wieder bloß Rotkohl, und wo man sich ein richtiges Auto erhofft hatte, wurde es ein Zweitakter aus Zwickau.

Wartegemeinschaft Im Wortschatz der DDR war dies eine scherzhafte Umschreibung für die Menschenschlange. Aber auch dort, wo Menschen beim besten Willen nicht in Schlangen stehen bleiben konnten, bis die Ware kam, wie beim Autokauf, bildeten sich Wartegemeinschaften. Eine der kleineren machte mit dem Slogan von sich reden: Ich warte, du wartest, er / sie / es wartet – Wartburg. Die größere Gruppe der Trabant-Anwärter schickte sich dagegen stumm in ihr schweres Los.

Wartezeit Es ging um wahrhaft epochale Zeiträume: Mit zwölf, vierzehn, ja sechzehn Jahren mußte gerechnet werden. Kinder wurden währenddessen erwachsen, Eheleute trennten sich, man gebar neues Leben oder fuhr in die Grube, ganze Weltreiche brachen zusammen – nur die Trabant-Anmeldung lief immer weiter. Auf welchem Rang man im Warte-Marathon gerade lag, ließ sich bestenfalls annäherungsweise feststellen. Über den Schaltern des IFA-Vertriebs hingen große Tafeln mit dem aktuellen «Auslieferungsstand» – eine Einrichtung, die man sich als Kreuzung der Jerusalemer Klagemauer mit der New Yorker Börse am Schwarzen Freitag vorstellen muß. Hier war zu sehen, wie dicht Euphorie und Depression doch beieinanderlagen. Gelegentlich konnte es passieren, daß die angegebenen Daten unvermittelt einen Sprung nach vorn machten; häufiger jedoch blieben sie so eisern stehen, als habe jemand die Zeit angehalten. Über einen ganzen Sommer hinweg war es dann Februar, und man fragte sich unwillkürlich, ob da noch alles mit rechten Dingen zuging. Auf der Straße fuhren ja neue Trabanten; das konnte jeder am fortschreitenden Alphabet der Nummernschilder erkennen. Warum also ging es auf der Tafel nicht weiter? Das zermürbende Warten trieb manch gefestigte Persönlichkeit zur Verzweiflungstat: Eingaben an den Staatsrat wurden geschrieben oder ältere Anmeldungen für Tausende

Mark aufgekauft, nur um endlich von dem verdammten Februar wegzukommen. Die positive Seite der Warterei bestand darin, daß sich der Trabant praktisch aus der Sparbüchse finanzieren ließ: Wer jeden Tag zwei Mark beiseite legte, hatte den Preis nach anderthalb Jahrzehnten mühelos beisammen.

Waschbenzin diente der Reinigung besonders dreckiger Motorenteile. Weil es diesen Wundersaft aber an der Tankstelle spottbillig zu kaufen gab, füllten ihn manche Zeitgenossen gleich in den Trabant-Tank. Dort reinigte er kaum das Innere der Zylinder, sondern sorgte dafür, daß es dem Motor insgesamt dreckig ging. Dem Fahrer wurde dies auch durch lautes Kreischen, Klopfen und Klingeln mitgeteilt, zu einem Abbruch des Härtetests kam es deswegen aber kaum. Ein weiteres Alternativbenzin der DDR stand dem Trabant-Benutzer nämlich nur begrenzt zur Verfügung. «Russensprit» hieß dieses süßlich riechende Gebräu, das dank marktwirtschaftlicher Betätigung der Roten Armee gleich fässerweise aus den Kasernen in die Privatgaragen rollte. Für den Trabant allerdings bloß gelegentlich, denn ein Panzer hat nun mal keinen Zweitaktmotor.

Werkstattermin Auch langjährige Kunden bekamen diesen feinen Unterschied zu spüren: Wer drin war, war noch lange nicht dran. Nur zweimal im Monat gab der Herrscher seine Audienz und alle, alle kamen. Kein Geringerer als der allmächtige Werkstattchef persönlich hockte dann göttergleich hinter dem Schreibtisch. Zu seinen Füßen befand sich ein alter Karton, dessen Inhalt an Knüllpapier erinnerte, in Wirklichkeit aber aus achtlos hineingestopften Trinkgeldscheinen bestand. Der Zutritt in diesen Thronsaal erfolgte nur nach Einzelaufruf und verband sich mit bangen Fragen. Würde uns der große Mann noch wiedererkennen? Reichten unsere bescheidenen Gaben, um sein Wohlgefallen zu finden? Erleichterung – er erkannte, und wir erhielten als Erweis seiner allerhöchsten Gunst einen Werkstatttermin. Bloß gut auch, denn schon seit fünf Uhr morgens hatten wir vor dem Gebäude gewartet. Wenn Leute zu nachtschlafener Zeit mit Campingstühlen durch die Deutsche Demokratische Republik schlichen, bedeutete das nicht Urlaub. Im Gegenteil, es war Terminvergabe.

Wetterbericht Sobald am Ende einer Nachrichtensendung bekanntgegeben wurde, daß die Nachttemperaturen eventuell unter null Grad fallen könnten, ergriff den Trabant-Fahrer mit Sechs-Volt-Batterie eine auffällige Unruhe. Wenn der Motor noch warm war, konnte er die Batterie zur Not in eine Decke hüllen und damit über die schlimmsten Witterungsunbilden retten. Wenn nicht, half nur der Ausbau des guten Stücks. An so manchem frostigen Winterabend sah man deshalb Familienväter mit großen Einkaufstaschen auf die Straße eilen, um die kälteanfälligen Akkumulatoren in die Wohnung zu holen, wo schon ein gemütliches Plätzchen am Ofen auf sie wartete.

Winterbetrieb Auch dem Motor ist es bei Frost im Trabant zu kalt. Deshalb hat er es gern, wenn seine Ansaugluft mehr von oben kommt, wo es nicht so zieht. Der mitfühlende Trabant-Fahrer kann ihm diesen Herzenswunsch natürlich nicht abschlagen. Deshalb dreht er den Luftstutzen hoch, sobald die ersten Herbstwinde Erkältungsgefahren für das Maschinchen heraufbeschwören. Ein Vorgang, der sich «Umstellung auf Winterbetrieb» nennt. Unter Trabant-Menschen ist die Erkundigung, ob man schon auf Winterbetrieb umgestellt habe, ab August eines der beliebtesten Gesprächsthemen.

Zugpumpe Das kommt davon, wenn einer als Kind immer die Wasserpistole falsch herum gehalten hat: dann fällt ihm so was wie die Zugpumpe ein. Sie fördert im Trabant per Handbetrieb das Waschwasser auf die Frontscheibe – wegen ihres spärlichen Strahls eine im wörtlichen Sinne *vorsintflut*liche Erfindung.

Zündkerzen Naß oder trocken, das ist hier die Frage. Zeigen sich die Kerzen zu feucht, ist der Trabant abgesoffen. Dann hilft nur Tupfen, Schock schließen und beten. Vielleicht springt er beim zweiten Versuch ja doch noch an. Sind die Kerzen jedoch trocken, ist der Fall schwieriger. Dann muß mittels Pipette ein Quentchen Benzin zur Initialzündung in die Zylinder eingeträufelt werden. An der Wahl der richtigen Menge erkennt man den Fachmann, am heftigen Knall in der Morgenstunde dagegen den Anfänger.

Zuladung Das schafft kein anderer! Fast zwei Drittel des Fahrzeuggewichts dürfen im Trabant offiziell noch einmal zugeladen werden. Privat und im stillen gelangen aber weit größere Massen zur Verfrachtung. Ob Zementsäcke, Dachbalken, Ziegelsteine oder Betonplatten – der Wagen schluckt es tapfer. Ein Wunder ist nur, daß eigentlich nichts hineinpaßt und trotzdem fast alles mit ihm transportiert wird.

Zweitakter Wir im Trabant ärgern uns zwar oft genug über unseren «bekannten Zweizylinder-Zweitaktmotor mit Einlaßdrehschieber», aber deshalb lassen wir noch lange nichts auf ihn kommen. Verhöhnungen aus der Viertakt-Gilde zeigen doch nur, daß selbst vier Takte nicht automatisch die taktvolleren Menschen machen.

Zwölf-Volt-Netz Die epochale Neuerung des Jahres 1983. Im Unterschied zu den alten Zeiten des Sechs-Volt-Betriebs war es nunmehr möglich, den Anlasser nach mißglücktem Start noch ein zweites Mal zu betätigen, ohne daß anschließend gleich die Fahrt wegen entleerter Batterie abgesagt werden mußte. «Die Spannungs-Drehzahl-Charakteristik der Drehstromlichtmaschine in Verbindung mit der Regelcharakteristik des wartungsfreien elektronischen Reglers ist optimal auf die Starterbatterie abgestimmt», wußte die Fachliteratur diesen revolutionären Fortschritt mit ausgeklügelten Worten für den Klassenfeind zu verschleiern.

Bildlegenden

Abgefahren: Ein Prolog

11–29 Die Bilder entstanden zwischen 1989 und 1994 an den Straßenrändern der ehemaligen DDR und des vereinigten Deutschlands zwischen Kap Arkona und dem Bodensee, auf Wiesen und wilden Müllkippen, im Wald und bei Verschrottungsfirmen.

Plaste und Elaste: Der Werbeträger

31 Zeichen setzen: Trabi-Treffen in Pankow am 23.4.94

32/33 Aufbewahrung zum Ausschlachten: Beim Autohändler, Berlin 1992

34 Für saubere Karossen: Werbung für eine Waschanlage, Zwickau 1994

35 Prost Neujahr: Karosseriewerkstatt, Gütersloh 1994

36, 37 Einmalige Sonderausstattung zur Eigenwerbung: exklusives Interieur durch die Reisegepäck GmbH Michael Cromer (MCM), München 1994

38 Neue Farbe braucht das Land, Dessau 1994

39 Galeriefenster in der Frankfurter Allee, Berlin 1993

40 Fassade der Kneipe mit dem Namen «601» in Robertsdorf bei Wismar, Mecklenburg-Vorpommern 1993

41 Mauerdurchbruch auf dem Dach in Wutha-Farnrosa bei Saalfeld, Thüringen 1993

42 Auf dem Parkplatz neben der Treuhand, Berlin 1993

43 Zwischen Juli und Dezember in der Weinmeisterstraße, Berlin 1991

44 Der ausrangierte Wagen des Technischen Direktors über dem Bühneneingang des Neuen Theaters, Halle 1994

45 Die Werberolle ist länger als der Träger, Näther bei Zeitz, Sachsen-Anhalt 1992

Einer für alles: Der Gebrauchsgegenstand

47 Begrünung auf dem Bürgersteig, Berlin-Mitte 1991

48 Heuernte bei Naumburg, Sachsen-Anhalt, Mai 1992

49 Kindertagesstätte der Arbeiterwohlfahrt Potsdam-Babelsberg 1994

50 Unfallstelle und Direktverkauf vom Feld bei Boldenshagen, Mecklenburg-Vorpommern 1993

51 In der Sachsenring Automobiltechnik GmbH, Ersatzteillager Wilkau-Haßlau 1994

52 Die Mulackstraße im Scheunenviertel, Berlin-Mitte 1990

53 Sonderanfertigung für einen rollenden Imbißstand durch eine Kfz-Werkstatt in Aderstedt, Sachsen-Anhalt 1994

54/55 Die «Grillpappe» auf dem Marktplatz in Köthen, Sachsen-Anhalt 1994

56 Pferd und Pappe, Brandenburg 1992

57 Spielplatz in Potsdam-Babelsberg 1994

58 Jörg Anklam von der Freiwilligen Feuerwehr Glöwen in der Prignitz, Brandenburg, mit einem Umbau aus dem Jahr 1991

59 Blühendes Innenleben, Berlin-Mitte 1991

60 Straßen- und Karosseriemaler, Lübeck 1994

61 Recycling-Abteilung des ehemaligen Sachsenringwerkes, Zwickau 1994

62/63 Am Engeldamm zwischen Kreuzberg und Berlin-Mitte 1993

Jetzt machen wir ihn schneller: Die Rennen

65 «Rolling Oldies 1994» auf dem Flugplatz Twente / Enschede, Niederlande 1994

66 Zwischen Training und Wertungslauf, Autodrom Most, Tschechische Republik 1993 und 1994

67 Start zu einem Wertungslauf des «Trabant-Lada-Racing-Cups» im Autodrom Most. Dieses Rennen wird seit 1993 ausgetragen und vom Allgemeinen Deutschen Motorsportverband, Landesverband Thüringen, veranstaltet.

68 Start- und Zielgerade im Autodrom «Tor Poznan», Polen 1993

69 Im Fahrerlager beim «Trabant-Lada-Racing-Cup», Poznan 1994

70 Vor dem Training zum «Trabant-Lada-Racing-Cup» im Autodrom Most, Tschechische Republik 1994

71 Mit Muskelkraft an die Boxen, Autodrom Most 1993. Jörg Moßler (l.) gewann 1993 den TLR-Cup.

72/73 Die einzige Frau im Fahrerfeld der Rennpappen: Ines Richter aus Sondershausen, Twente 1994

74 Aufstellung zum Training, Twente 1994

75 Ines Richter führt das Feld an, Autodrom Most 1994

76 Dragster-Rennen auf dem Hockenheim-Ring 1994: Günter Kolb mit seinem Trabant GT (5-Liter-Motor, 750 PS), der eine «Quartermile» in 9,25 Sekunden schafft.

77 An den Boxen, Autodrom Most 1993

78 Einer der Renn-Trabanten, die Helmut Aßmann auf 75 PS getunt hat

79 Frühzeitiger Ausfall durch eine defekte Kurbelwelle: Familie Freitag aus Berlin in Twente

80/81 Andreas Jakob aus Oberderdingen während des «Trabant-Lada-Racing-Cup», Autodrom Most 1993

Magnet mobil: Der Kommerz

83 Trabant der U2-Tournee im Hard Rock Cafe, Berlin 1994

84 Kübel-Trabi der DDR-Grenztruppen im Grenzmuseum Bad Sooden-Allendorf, Niedersachsen 1994

85 Stuntshow der Artistenfamilie Traber mit einem «Big Foot Trabi» in Mahlow, Brandenburg 1993

86 a Immer noch im zuverlässigen Betrieb: Flugplatz Fürstenberg, Brandenburg 1994

86 b Erst posierte er neben Margarethe Schreinemakers im Studio, jetzt steht er draußen neben dem «Filmstübchen», Köln 1994

87 a Die ausgestellten Trabis des Grenzmuseums werden zum Winterquartier in die Garage geschoben, Bad Sooden-Allendorf 1993

87 b Auf dem Flugplatz Müncheberg, Brandenburg 1994

88 Hauseinfahrt in Dresden 1992

89 Trabi-Sofa in der von Robert Czieslik gestalteten Kneipe «601» in Robertsdorf, Wismar 1993

90 In der Kneipe «Verkehrsberuhigte Ost-Zone», Berlin-Mitte 1993

91 Diskothek «Parkland» in Stahnsdorf, Brandenburg 1992

Von der Straße zu den Musen: Die Papp-Art

93 Im Garten der Deutschen Botschaft in Prag steht die Skulptur von David Černý aus dem Jahre 1990: «Wohin gehst du?»

94 Vorbereitungen zum Konzert der irischen Rockband U2 im Olympiastadion, Berlin 1993

95 Aktionskünstler HA Schult präsentiert mit Elke Koska auf der «Autotrophy» einen vergoldeten Trabant, Köln 1993

96/97 Trabis als Beleuchtungskörper, Konzert der irischen Rockband U2 im Olympiastadion, Berlin 1993

98 Die Berliner Künstlerin Elke Grundmann mit einer ihrer Installationen aus dem Jahr 1990

99 Auf der Hofseite des alternativen Kunsthauses Tacheles, Berlin-Mitte 1991

100 Vor dem Mauerbild von Oliver Feind, East Side Gallery, Berlin 1991

101 Der «Mega-Zukunfts-Trabi» auf der «Erlebnisausstellung Expo», Filmgelände Potsdam-Babelsberg 1994

102 Hinterhof in der Auguststraße, Berlin-Mitte 1992

103 Wildes Objekt im Rahnsdorfer Forst, Brandenburg 1992

Legende auf Rädern: Die Treffen

105 «1. Zwickauer Trabi-Treff» am 18. 6. 94: Diese bedeutendste Zusammenkunft wird in der Heimatstadt des Sachsenringwerkes organisiert

106 Zwickauer Treffen, Juni 1994

107 «2. Pankower Trabi-Treffen» am 23. April 1994, veranstaltet vom ASB-Autohaus, Berlin

108/109 IFA-Treffen der IFA-Gemeinschaft Nord in Grafenstein, Dänemark 1994

110 Der mit sechs Metern längste Trabi der Welt auf dem «2. Pankower Trabi-Treffen», Berlin-Friedrichshain 1994

111 Brandenburger Zweitaktfans in Glowatz, Mecklenburg-Vorpommern, Mai 1994

112 Trabant-Corso beim «3. Internationalen Trabi-Treffen Bergisch Land», Pfingsten 1994

113 «3. Berliner Trabbi-Treffen», Mai 1995

114 Ersatzteilbörse während des «3. Internationalen Trabi-Treffens Bergisch Land», Wuppertal 1994

115 Souvenirbörse beim «2. Pankower Trabi-Treffen», Berlin 1994

116/117 «1. Zwickauer Trabi-Treff» am 18. 6. 94 mit Beteiligung von 70 Clubs und Fördervereinen, über 1000 Trabi-Liebhabern und 25 000 Besuchern

118 Zweiter Platz für das Autohaus Schneider, Reinsdorf, in der Kategorie «technisch originelle Trabis», Zwickau 1994

119 Erster Platz für Frank Schmieder aus Rodewisch in der Kategorie «Cabrios und Kübel», Zwickau 1994

120 2. Pankower Treffen, Berlin 1994

121 Trabi-Treffen in Reepshold, Ostfriesland 1994

122/123 Thomas Günther mit einem Trabi als Gast: VW-Kübelwagen-Treffen in Herford, Westfalen, Mai 1994

124 Vor dem Aufbruch der Fahrer zur «Rallye Magdeburg–Marrakesch», Halle 1992

125 2. Pankower Treffen, Berlin 1994

126 «3. Internationales Trabi-Treffen in Bergisch Land», Wuppertal, Pfingsten 1994

127, 128 2. Pankower Treffen, Berlin 1994

129 Das «Kampfgeschwader Hellersdorf» trifft sich jeden Samstag am Stadtrand, Berlin 1994

130/131 Hamburg, Hannover, Wiesbaden beim Treffen in Grafenstein, Dänemark 1994

132 Addi Obst landete mit seinem «Trabillac» beim «1. Zwickauer Trabi-Treff» 1994 in der Kategorie «technisch originelle Trabis» auf dem dritten Platz

133 Erhöhte Luftfeuchtigkeit beim Trabi-Treff Ostfriesland e. V. 1994

Freiheit und Feinarbeit: Das Detail

135 Ein Viertürer beim «3. Internationalen Trabi-Treffen in Bergisch Land», Wuppertal 1994

136 «1. Zwickauer Trabi-Treff» 1994

137 2. Pankower Treffen, Berlin 1994

138 Der Trabi als Kühlerfigur von Manfred Franz aus Simmern, Hunsrück

139 Typenbezeichnung am Heck des «Trabillac» von Addi Obst, Gelsenkirchen

140 Unter dem Motto «Der Trabant ist eine gute Marke» zieren 20000 Briefmarken dieses Exemplar von Addi Obst

141 Trabi-Treffen in Bochum am 2. Oktober 1993

142/143 Der Trabant von Mirko Wagner aus Witschdorf, Zwickau 1994

144/145 Das Sachsenring-Symbol

146/147 250 Trabis bilden das Sachsenring-Logo, organisiert vom «Trabbi Buggy Club 93 e. V.», am 6.5.1995 in Anklam, Mecklenburg-Vorpommern

Wir unter uns: Die Liebhaber

149 Der «Trabant Club Mühlhausen e. V.» beim «3. Internationalen Trabi-Treffen» in Wuppertal

150 Dieter Krenz aus Bötzow in Brandenburg, Mitglied des «1. Trabbi-Clubs Ofenstadt Velten» beim Pankower Treffen, Berlin 1994

151 Der «Country & Trabi Verein Gera e. V.» beim «1. Zwickauer Trabi-Treff»

152 Polizeikommissar Rainer Sommerfeld in Nordhausen 1994

153 Familie Franz aus dem Hunsrück mit Wohnanhänger, Typ Puck, Baujahr 1959

154 Kübelfreunde aus Sachsen-Anhalt, Herford 1994

155 Peter Dargel (r.) mit dem Abschiedsgeschenk seiner Ostberliner Mercedes-Kollegen, Herzogenrath, Nordrhein-Westfalen 1994

156 Dreißig verschiedene Farben benutzte der Fahrzeuglackierer und Schriftenmaler Carsten Boock für seinen Comic-Trabi, Lübeck 1994

157 Gruppenfoto des Trabi-Treffs Ostfriesland, Reepsholt 1994

158 Fahrer Hans-Georg Steinmetz aus dem thüringischen Büttstedt beim TLR-Cup in Feuerschutzbekleidung, Poznan, Polen 1994

159 Jürgen Melzer mit seinem Trabant 601, auf dem mehrere Motive der East Side Gallery verewigt sind, Berlin 1994

160 Olaf Grabner, Berufsbezeichnung «Sammler», mit einer Spezialkarosse, Berlin 1994

161 Hans Stehberger, Initiator des Bayrischen Trabant-Clubs, vor dem BMW-Gebäude, München 1994

162 Der Kirchner Fritz in seinem Garten in Dingolfing, Bayern 1994

163 Frank Polinski von der freiwilligen Feuerwehr in Schönow auf dem «3. Internationalen Trabi-Treffen Bergisch Land»

164 Zwei Trabi-Fans mit umgespritzten Feuerwehrhelmen, Lübeck 1994

165 Axel Hennes aus Oberhausen bei den «Rolling Oldies 1994» auf dem Flugplatz Twente / Enschede, Niederlande 1994

166 Der Velo-Designer und «Großmeister der Velokuriosität» Didi Senft aus Kolpin, Brandenburg 1994

167 Addi Obst in seinem «Trabillac», Gelsenkirchen 1994

168 Zwei Trabant-Fahrer aus Dingolfing, Bayern 1994

169 Erhard Miltz aus Braunschweig beim «1. Zwickauer Trabi-Treff»

205 «2. Pankower Trabi-Treffen», Berlin 1994

Danksagung

Der Fotograf dankt der Körber-Stiftung, Hamburg und Dresden, die durch ein Stipendium einen wesentlichen Teil des Projektes gefördert hat.

Besonderer Dank gilt Kerstin für ihre geduldige Unterstützung und Christina, Manuela, Ingeborg, Harald, Jens, Peer, Rainer, Stefan und all den anderen, die mit ihren Hinweisen bei der Recherche geholfen haben.